大数据技术系列丛书

遗传模糊系统模型和方法

余晓晗　张　可　宋金玉　著

西安电子科技大学出版社

本书针对专家知识与训练数据并存的应用问题，对遗传模糊系统进行了研究，旨在改进现有的模糊系统和遗传模糊系统技术。本书主要内容：结合作战任务规划中关键点推理问题，提出了遗传模糊系统的技术框架，在模糊系统构造、模糊系统结构和参数的进化学习以及多任务同步学习三个方面进行了深入研究，设计并验证了问题解决方案；引入多示例学习建模作战意图识别问题，提出了面向作战意图识别的多示例学习算法模型；基于遗传模糊系统建模得出数据集中隐含的专家知识，在专家知识与有标签源数据集的双重驱动下，提升了在目标数据集上无监督迁移学习的性能。

本书主要为人工智能相关专业的研究生和研究人员提供系统的模糊系统知识，面向定性和定量相结合的应用场景，为从业人员提供解决问题的模型和方法。

图书在版编目(CIP)数据

遗传模糊系统模型和方法 / 余晓晗，张可，宋金玉著. --西安：西安电子科技大学出版社，2023.5
ISBN 978-7-5606-6880-2

Ⅰ. ①遗… Ⅱ. ①余… ②张… ③宋… Ⅲ. ①模糊系统 Ⅳ. ①N94

中国国家版本馆 CIP 数据核字(2023)第 081286 号

策　　划　戚文艳　李鹏飞
责任编辑　李鹏飞
出版发行　西安电子科技大学出版社(西安市太白南路 2 号)
电　　话　(029)88202421　88201467　　邮　　编　710071
网　　址　www.xduph.com　　电子邮箱　xdupfxb001@163.com
经　　销　新华书店
印刷单位　咸阳华盛印务有限责任公司
版　　次　2023 年 5 月第 1 版　2023 年 5 月第 1 次印刷
开　　本　787 毫米×1092 毫米　1/16　印　张　8
字　　数　158 千字
印　　数　1～2000 册
定　　价　29.00 元
ISBN 978 - 7 - 5606 - 6880 - 2 / N

XDUP 7182001-1

前　言

遗传模糊系统作为“灰盒”模型的代表，将具有专家知识建模能力的模糊系统与能够利用数据进行训练的遗传算法相结合，实现了专家知识和数据的协同。借助语言型变量和语言型规则，遗传模糊系统能够将人类的推理经验采用模糊变量、隶属度和模糊规则的形式进行整合和建模，从而为专家知识的融合提供了接口；通过 IF-THEN 形式的模糊规则及人类可理解的推理方式，遗传模糊系统实现了推理过程和推理结果的可解释性。此外，模糊集合的使用，使遗传模糊系统在处理不精确、不确定和模糊数据时具备了很强的灵活性、容错性和适应性；进化计算方法的引入，使遗传模糊系统得以利用进化计算强大的搜索能力指导模糊规则的选取、模糊变量隶属度函数参数的选择及模糊系统推理机参数的设置，避免了完全依靠专家知识和主观经验而带来的推理误差。

自诞生之日起，遗传模糊系统凭借其良好的性能，一直处于学术研究前沿，并且已经广泛应用于通信、医疗、车辆控制和网络安全等领域。在军事和民用领域的应用问题中，长期积累的丰富专家知识和贫瘠难采的数据，为遗传模糊系统的应用提供了施展空间，使其具有较高的应用前景。本书介绍了针对个别应用问题对遗传模糊系统开展的研究工作，内容与结构如下：

第 1 章简要介绍相关基础知识，包括模糊集合与模糊理论的基本概念，两种典型的进化算法——遗传算法与进化多任务优化算法的基本思想，以及模糊系统、级联模糊系统、遗传模糊系统与遗传模糊树的原理和相关概念。

第 2 章针对关键点推理过程中模糊、复杂的态势信息，笔者设计了关键点推理级联模糊系统的构建流程和方法。在此基础上，以兵棋推演中的进攻任务为例，实现了进攻任务中关键点推理级联模糊系统的构建。

第 3 章针对关键点推理级联模糊系统完全依赖专家知识造成的主观性过强的局限，笔者设计了一种结合专家知识和作战推演数据来研究关键点推理问题的方法——关键点推理遗传模糊系统。进一步地，以“安全点”这一关键点为例，在使用专家知识初始化模糊规则库的基础上，通过对兵棋中的作战推演数据——复盘数据进行处理与挖掘，同时合理设计遗传算法中的参数编解码、适应度函数和遗传操作等，实现了安全点推理模糊系统的遗传调优算法。

第 4 章针对使用遗传模糊系统推理复杂关键点时带来的大量的时间和成本耗费，笔者构建了多任务遗传模糊系统通用框架，并设计出模糊系统的多任务遗传优化算法。

第 5 章针对作战意图识别技术与方法中存在的作战意图识别数据体量有限且类型繁杂，无法有效利用先验专家知识及较弱的可解释性等问题，笔者借助遗传模糊系统，设计并实现了一种多示例学习算法模型——多示例遗传模糊系统。

第 6 章针对数据维度较高时，遗传模糊系统规则库的“维度灾难”给多示例遗传模糊系统带来的大量的训练时间和成本耗费问题，笔者引入遗传模糊树对该多示例遗传模糊系统进行改进，设计并实现了一种新的多示例学习算法模型——多示例遗传模糊树。

第 7 章针对在源数据集和目标数据集差异较大的情况下，难以有效完成迁移学习的问题，笔者借助遗传模糊系统建模专家知识，提出了利用专家知识提升迁移学习模型性能的迭代式知识迁移方法，并将该方法应用到目标重识别问题中。

在本书的撰写过程中，綦秀利、于全、戴贵洋等人在相关成果研究上给予了重要帮助；毛绍臣、赵发等同学对本书撰稿、校验等工作提供了帮助，在此表示感谢。

由于时间仓促及著者水平有限，书中不足之处在所难免，恳请广大读者批评改正。

作　者

2022 年 10 月

目　录

第 1 章　模糊系统和遗传模糊系统基础

本章主要引入模糊集合和模糊理论的相关概念，介绍遗传算法(Genetic Algorithm)、进化多任务优化(Evolutionary Multitasking Optimization)的主要思想，以及模糊系统(Fuzzy System)、级联模糊系统和遗传模糊系统(Genetic Fuzzy System)的原理和相关特性。

1.1　模糊系统理论

1.1.1　模糊集合与模糊理论

模糊集合是用来表达模糊性概念的集合，又称为模糊集、模糊子集。20 世纪 60 年代中期，美国加州大学伯克利分校电气工程系的 Lofti A. Zadeh 教授第一次提出用模糊集合的概念来描述模糊现象(Zadeh，1965)。

定义 1.1(模糊集合)：设 U 为非空论域，则 U 上的模糊集合 S 用下式表示：

$$S=\{<x,\mu_S(x)>| x\in U\} \tag{1.1}$$

其中，$\mu_S:U\rightarrow[0,1]$ 表示模糊集合 S 的隶属度函数，$\mu_S(x)$为元素 x 对于 S 的隶属度。

模糊集合是对经典集合的一种推广，它允许隶属度函数在区间[0，1]内任意取值。换句话说，模糊集合的隶属度函数是区间[0，1]上的一个连续函数，而不像经典集合那样，隶属度函数只有 0 和 1 两个取值。通过模糊集合的定义，元素 x 隶属于集合 S 的程度就可以通过隶属度函数 $\mu_S(x)$ 来刻画：$\mu_S(x)$ 越接近 1，说明 x 隶属于集合 S 的程度越大；反之，$\mu_S(x)$ 越接近 0，说明 x 隶属于集合 S 的程度越小。

例如，在兵棋中，一个作战单元“攻击能力”的高低是一个模糊的、不精确的概念，因此可以使用图 1.1 所示的两个模糊集合 $S_{弱}$ 和 $S_{强}$ 来表示。

这里，如果 $U_{攻击能力}=[0,1]$，那么当攻击能力的取值不同时，攻击能力的“强”和“弱”可以分别用图 1.1 所示的隶属度函数 $\mu_{S_{强}}$ 和 $\mu_{S_{弱}}$ 进行描述。例如，当攻击能力取值为 0.7 时，该攻击能力隶属于“弱”的程度值为0.2，隶属于“强”的程度值为0.6，如图1.1所示。

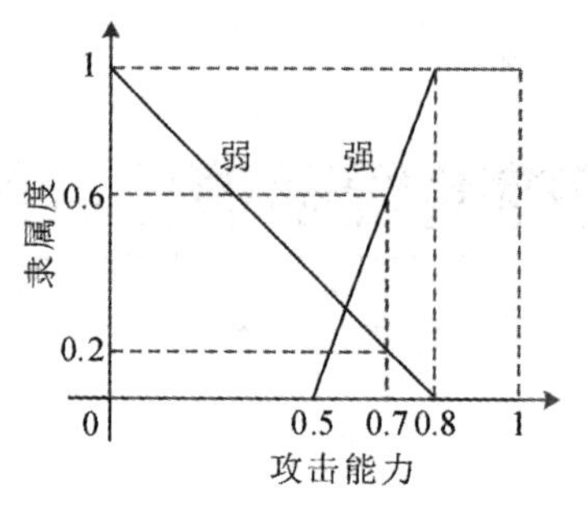

图1.1 表示“攻击能力”的模糊集合

模糊理论是指运用模糊集合的基本概念和连续隶属度函数的理论来研究模糊性思维、语言形式及其规律的科学。该理论在模糊集合理论的数学基础上发展起来，主要包括模糊集合理论(Bustince，2016)、模糊逻辑(Tarannum & Jabin，2018)、模糊推理(Baaj & Poli，2019)、模糊控制(Lu，2018)等方面的内容。

1.1.2 模糊系统

模糊系统(Kerk et al.，2019)是模糊集合理论应用的重要领域之一。它能够灵活地处理模糊的、不确定的信息，同时通过使用模糊规则对专家知识进行建模，可避免复杂数学知识的使用，能够很好地处理复杂的非线性问题，因此在控制(Wang et al.，2018)、分类(Rivera et al.，2019)和数据挖掘问题(Raja & Asghar，2020)等多个领域得到了广泛的应用。

文献中最常见的模糊系统有三类：纯模糊系统(Mahmoud et al.，2002)、TSK (Takagi-Sugeno-Kang)模糊系统(Zhang & Shen，2019)和Mamdani模糊系统(Cordón，2011)。由于Mamdani模糊系统的输入和输出均为精确值，因此应用广泛，被称为模糊系统的标准模型。Mamdani模糊系统的结构如图1.2所示(Wang，2003)，包括模糊器、推理引擎、知识库(Knowledge Base)和解模糊器四部分。

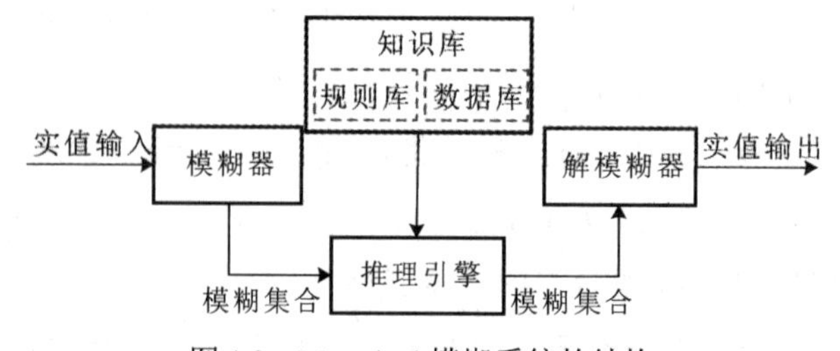

图1.2 Mamdani模糊系统的结构

其中，模糊器能够将精确的实值转化为模糊集合；推理引擎能够在知识库的指导下进行有效推理；解模糊器能够将推理得到的模糊集合转换为精确的实值输出；知识库是模糊系统的核心部分，包含了模糊推理需要的规则库(Rule Base)和数据库(Data Base)，数据库包含每个变量的缩放函数和模糊集合的隶属度函数描述，规则库是 IF-THEN 形式的模糊规则的集合，通常由专家知识构成。

在 Mamdani 模糊系统的规则库中，第 k 条($k = 1, 2, \cdots, K$)模糊规则表示如下：

$$\text{IF}\ \ x_1\ \ \text{is}\ \ S_1^k\ \text{and}\ \ x_2\ \ \text{is}\ \ S_2^k\ \ \text{and}\cdots\text{and}\ \ x_d\ \ \text{is}\ \ S_d^k,\text{THEN}\ \ y = S^k$$

其中，K 表示模糊规则库的规模；$\boldsymbol{x} = (x_1, x_2, \cdots, x_d)$ 和 y 分别表示 Mamdani 模糊系统的输入和输出变量，在模糊系统中称之为模糊变量，d 表示输入变量的个数；and 是连接词，表示“且”；$S_i^k (i = 1, 2, \cdots, d)$ 和 S^k 分别表示第 k 条规则上第 i 个输入变量和输出变量的模糊集合。

为了更清楚地展示模糊系统的具体计算过程，使用一个示例进行说明。例如，在一次作战任务规划中，需要使用模糊系统对位置 p 的攻占必要性进行评估。假定该模糊系统的输入为“p 的重要程度”和进行攻占的“兵力损失”，输出为“攻占 p 的必要程度”，该模糊系统规则库中的一条规则形式如下：

IF“p 的重要程度”is“高”and“兵力损失”is“小”，THEN“攻占 p 的必要程度”is“高”。其中，“重要程度”的“高”和“兵力损失”的“小”均为使用隶属度函数表示的模糊集合。那么，当给出模糊系统的输入值，即 p 的重要程度数值和如果进行攻占将会损失的兵力情况数值时，这两个输入值分别通过 $S_{重要程度}$ 和 $S_{损失兵力数量}$ 进行模糊化，然后传送到推理引擎中。推理引擎根据每一条模糊规则的前件和后件参数、前后件的对应关系及相应的连接词进行计算，最后将计算结果通过 $S_{必要程度}$ 进行解模糊，就可以得到最终的实值输出。

在模糊系统中，使用隶属度函数表示模糊集合。常用的隶属度函数有三角模糊数、梯形模糊数、高斯型隶属度函数等。全交迭三角形隶属度函数是一类特殊的隶属度函数，它由若干个三角模糊数组成，且每个三角形的底边端点恰好是相邻两个三角形的中心点，如图 1.3 所示。

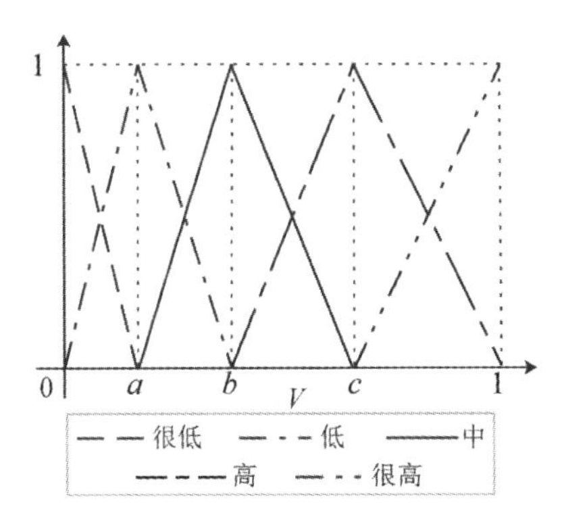

图 1.3　全交迭三角形隶属度函数示例

如果分别使用 3 个参数表示三角模糊数的左端点、中心点和右端点，那么具有 m 个隶属度函数的模糊变量所需隶属度函数参数的个数为 $m-2$。需要注意的是，使用全交迭三角形隶属度函数时，不同的隶属度函数参数之间互不相等且满足一定的大小关系。例如，对图 1.3 所示的具有 5 个隶属度函数的模糊变量 V 来讲，隶属度函数参数的数量为 3(图中的 a、b、c)，且 $0<a<b<c<1$。

在构造模糊系统时，有多种隶属度函数形状可供选择。隶属度函数的形状及其参数的确定，可以通过专家经验获得(Abiyev et al.，2018)，也可以使用遗传算法(Nantogma et al.，2019)、多目标进化算法(Alcala et al.，2007)等进行训练得到。

令 $\mu^k(x)$ 为上面第 k 条规则的隶属度值，$\bar{y}^k$ 为第 k 条规则的模糊集 S^k 的中心，则 $\mu^k(x)$ 可由规则前件模糊集合对应的隶属度值通过合取操作(∧)获得，即

$$\mu^k(x)=\mu_{S_1^k}(x_1)\wedge\mu_{S_2^k}(x_2)\wedge\cdots\wedge\mu_{S_d^k}(x_d)$$

其中，令 $\mu_{S_i^k}(x_i)$ 为输入 x_i 在第 k 条规则中的模糊集合 S_i^k 上的隶属度值。在∧使用乘法算子，Mamdani 型模糊系统通过中心解模糊器去模糊化后，最终输出可表示为

$$F(x_i)=\frac{\sum_{k=1}^{K}\bar{y}^k\left[\prod_{i=1}^{d}\mu_{S_i^k}(x_i)\right]}{\sum_{k=1}^{K}\left[\prod_{i=1}^{d}\mu_{S_i^k}(x_i)\right]} \tag{1.2}$$

1.1.3 级联模糊系统

对于现实世界中的复杂问题，如果使用模糊系统方法进行建模，那么模型变量的数量及各自的取值范围将会具有很大的规模。由于任何一个输入和输出变量的取值都对应着一条模糊规则，因此构造出的模糊系统的规则库将会非常庞大，使得模糊系统的计算时间和优化时间不可容忍(Jan et al.，2016)。

级联模糊系统(Wijayanto & Wibowo，2018)是指将大型模糊系统分解成若干独立、较小的模糊系统的模糊系统结构。如图 1.4 所示，级联模糊系统将整个问题分解成 n 个小问题，构造出具有 n 个小型模糊系统的级联结构。其中，i_1，i_2，…，i_d 表示级联模糊系统的 d 个输入，分别对应解决复杂问题所要考虑的 d 个因素；o 表示级联模糊系统的输出。这里需要注意的是，每个单独的小型模糊系统都可能会产生若干个单独的、没有用到其他层级模糊系统的输出，图中用虚线表示，这些输出共同构成了级联模糊系统的输出。从级联模糊系统的结构可以看出，在级联模糊系统中，每一个小的模糊系统都控制着复杂问题的一小部分，有着自己单独的规则集，较低层级的模糊系统使用上层模糊系统的输出作为输入的一部分，使得所有的子模糊系统相互联系成为一个复杂的模糊系统。级联模糊系统可以降低规则库的规模和复杂程度，减小模糊系统的运算时间，进而提高整个模糊系统的效率和性能。

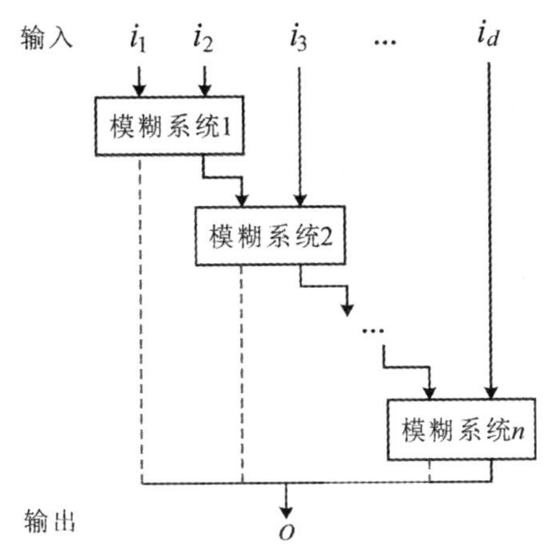

图 1.4　级联模糊系统

例如，在作战任务规划中，需要推理出位置 p 是否适合发起进攻行动及适合发起进攻行动的程度。如果使用级联模糊系统对该推理任务进行求解，那么该级联模糊系统的输入就是完成此次推理所要考虑的因素。不妨设为位置 p 的地形、地貌、高度和坡度四个因素，输出变量为位置 p 适合发起进攻行动的程度。假设每个模糊变量均有 3 个隶属度函数，若使用模糊系统进行建模，则模糊规则库的规模至少为 81 条($3\times3\times3\times3$)。若使用级联模糊系统对其进行建模，则可以将这个复杂的推理问题分解为若干小问题，如将该推理问题分为三层：先根据地形、地貌设计一个小的推理系统，推理出敌方可能的防守位置；然后根据推理得到的敌方防守位置和地形、高度、坡度等特征推理出位置 p 的安全程度；最后根据得到的安全程度和直接计算得到的攻击能力推理出位置 p 适合发起进攻行动的程度，那么模糊规则库的规模将缩减为 45 条($3\times3+3\times3\times3+3\times3$)。从上例可以清楚地看出，与单独的模糊系统相比，级联模糊系统能够有效地减小模糊规则库的规模，降低模型的复杂程度。

级联模糊系统通过多个小型模糊系统的前后级联，使系统的规则库规模得以缩减，从而为构建和优化复杂问题的模糊系统提供了可能，因此在工程实践中取得了广泛的应用。例如，文献(Wijayanto & Wibowo，2018)采用并行级联模糊技术自动引导车辆机器人避开障碍物并到达目标区域，解决了机器人路径规划问题中样本空间大、计算效率低的问题；文献(Omara et al.，2018)将两层级联模糊逻辑控制器应用于永磁同步电动机驱动系统的直接转矩控制中，有效地保证了交流传动在大转速范围内仍能保持稳定的性能。

1.2　遗传模糊系统理论

遗传模糊系统(Cordón et al.，2001)是将进化计算引入模糊系统，借助进化计算的全局搜索能力对模糊系统的参数或(和)结构进行寻优的模型。其中，进化计算包括遗传算法

(Lambora et al.，2019)、遗传规划(Marko & Hampo，1992)、进化策略(Panchapakesan et al.，2013)及多种其他进化算法(Vikhar，2016)。通过将进化计算与模糊系统相结合，遗传模糊系统既保留了模糊系统在处理复杂、非线性和不确定问题时具有的独特优势，又融入了进化计算在大范围、多参数、非连续优化问题上的搜索能力。本节对遗传模糊系统中最常用、最经典的进化计算——遗传算法，及近年来进化计算中的新范式——进化多任务优化算法进行简要总结，并对遗传模糊系统和遗传模糊树进行介绍。

1.2.1 遗传算法

遗传算法作为进化计算理论研究的重要组成部分，关于它的研究开始于 20 世纪 70 年代(Holland，1975)。遗传算法是一种通过模拟生物社会的个体进化过程来搜索最优解的方法，它通过模拟生物进化论的自然选择过程和遗传学的生物进化过程，在保持原有良好基因结构的基础上，寻找更优的基因结构。基于这样的理论，遗传算法能够在很大的搜索空间中进行全局搜索，并在无法精确描述问题的情况下找到近似的最优解。

在解决优化问题时，遗传算法从随机产生初始种群开始，通过选择、交叉、变异等具有生物意义的遗传操作对种群中的个体进行“优胜劣汰”。借助种群的更新与迭代，最终产生的最优个体即为优化问题的全局最优解。标准遗传算法的基本流程如图 1.5 所示。

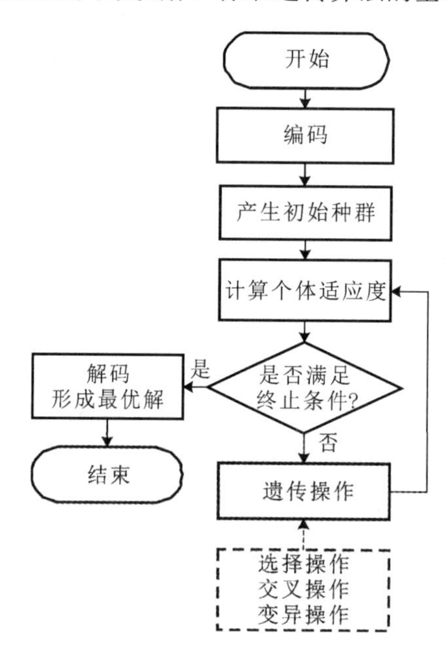

图 1.5 标准遗传算法的基本流程

其中，遗传算法的基本机制包括编码、选择操作、交叉操作和变异操作。

1. 编码

编码方式的确定是运用遗传算法求解优化问题的第一步。良好的编码策略能够提升优化的效率和优化结果的准确度。主要的编码方式包括二进制编码、动态参数编码、实数编码、多值编码和区间值编码等。编码方式需要根据待求解的具体问题来确定，总体来讲，编码方式的选择应该遵循两个基本原则：编码后的个体最简洁、最自然；编码后的基因或染色体与所需解决的问题相关程度最高。

2. 选择操作

选择操作是遗传算法中最主要的机制，它通过模拟自然进化论中的自然选择过程，根据个体的适应度值，按照一定概率从种群中选择一部分个体，作为下一步产生新个体的亲本。合适的选择操作可以有效保留种群中的优秀基因，使得种群朝着适应度值增大的方向不断进化。

3. 交叉操作和变异操作

交叉操作是指遗传算法中亲本之间通过染色体交换形成新个体的过程，能够有效地实现个体之间的信息交流。变异操作是基因变异的过程，有效的变异操作能够使种群较快地跳出局部最优解，向全局最优解进化。

1.2.2 进化多任务优化

进化多任务优化是进化计算领域的一个新兴课题，用于解决多任务优化(Multifactorial Optimization)问题。它利用进化计算中种群搜索的隐式并行性，使用有效的方法发现并利用不同优化任务中的潜在相似性和互补性，使不同优化任务的信息和知识得以传递、转移和交流，从而借助一次进化计算就能够解决多任务优化问题。需要注意的是，这里所提到的任务是指优化任务，如模型参数的优化任务、复杂函数解的优化任务等。本小节主要介绍多任务优化问题及具有代表性的进化多任务优化算法——多因素进化算法(Multifactorial Evolutionary Algorithm)。

1. 多任务优化

定义 1.2(多任务优化)(Gupta et al., 2016)：假设有 k 个不同的优化任务，不失一般性，且均为最小化任务。多任务优化的目标是找到各个任务最优解的集合 $\{\boldsymbol{x}_1^*,\boldsymbol{x}_2^*,\cdots,\boldsymbol{x}_K^*\}$，使得：

$$\{\boldsymbol{x}_1^*,\boldsymbol{x}_2^*,\cdots,\boldsymbol{x}_K^*\}=\arg\min\{f_1(\boldsymbol{x}_1),f_2(\boldsymbol{x}_2),\cdots,f_K(\boldsymbol{x}_K)\} \tag{1.3}$$

其中，$f_k:\boldsymbol{X}_k\to\mathbf{R}$ 为第 k 个任务的目标函数，该目标函数从第 k 个任务的搜索空间 $\boldsymbol{X}_k$ 映射到实数域 $\mathbf{R}$；$\boldsymbol{x}_k$ 为第 k 个任务的解，该解位于搜索空间 $\boldsymbol{X}_k$ 内，$k=1,2,\cdots,K$。

从定义 1.2 可知，多任务优化是指通过对不同任务的搜索空间进行并发搜索，从而实现对不同任务的同时优化。与多目标优化不同，多任务优化侧重于同时搜索所有任务的最优解，而不是在不同任务的目标函数中寻找一个最优的折中。为了在多任务优化环境中更好地比较不同个体的相对性能，为种群中每个单独的个体 p_i 定义了以下四个属性(Gupta et al.，2016)。

定义 1.3(因子代价)：个体 p_i 对应于任务 T_k 的因子代价 ψ_k^i 定义为 $\psi_k^i = \lambda\delta_k^i + f_k^i$，其中，$\lambda$ 是一个惩罚因子，δ_k^i 为个体 p_i 在任务 T_k 上的约束违反总数，f_k^i 为个体 p_i 在任务 T_k 上的目标函数值。

定义 1.4(因子排序)：个体 p_i 对应于任务 T_k 的因子排序 r_k^i 等于将种群中所有的个体按照因子代价升序排序之后 p_i 的索引值，衡量了 p_i 在任务 T_k 上相对于种群中其他个体的表现。当所有任务均为最小化任务时，r_k^i 越小，说明相对于其他个体，个体 p_i 在任务 T_k 上的表现越好。

定义 1.5(标量适应度)：个体 p_i 的标量适应度 $\varphi_i = 1/\min_{k\in\{1,2,\cdots,K\}}\{r_k^i\}$，衡量了个体 p_i 在所有任务上相对于种群中其他个体的综合表现。

定义 1.6(技能因子)：个体 p_i 的技能因子 $\tau_i = \arg\min_{k\in\{1,2,\cdots,K\}}\{r_k^i\}$，反映了该个体最适合解决的任务，表明了个体 p_i 的文化偏见。技能因子是个体的重要属性，利用该属性能够将单一种群隐式地划分成对应不同任务的子种群，以便于不同任务的知识转移和交流。

2. 多因素进化算法

Gupta 等人基于进化算法中种群搜索的隐式并行性，从生物文化模型获得启发，通过亲本与子代之间遗传物质和文化因素的转移，提出多因素进化算法(Gupta et al.，2016)来解决多任务优化问题。

为了实现不同任务的知识转移，多因素进化算法定义了一个统一的搜索空间 $D_{\text{multitask}} = \max_k\{D_k\}$，其中，$D_k$ 表示第 k 个优化任务的搜索空间。在产生初始种群时，种群中的每个个体都被调整到统一的搜索空间 $D_{\text{multitask}}$ 内；在对个体进行评价时，再将个体映射回原搜索空间。通过对搜索空间进行统一，为不同优化任务执行并发搜索提供了条件。此外，多因素进化算法使用了选择性交叉和选择性评价两大策略。具体来讲，多因素进化算法首先利用个体的技能因子将单一的种群划分为不同的技能组；然后通过选择性交叉策略，允许不同技能组的个体之间在一定的概率下进行“选择性”的基因交叉，来模拟亲本对子代遗传物质的转移；最后通过选择性评价策略，允许不同技能组交叉后得到的子代随机选择一个亲本进行文化的模仿，来模拟亲本对子代垂直的文化传播。通过上述两种策略，不同任务之间的信息传递与知识迁移得以高效实现，从而实现了多个任务的并发搜索与进化。

以多因素进化算法为代表的进化多任务优化方法已经在很多问题上显示出其卓越的性能。但是，随着不同优化任务最优解分离程度逐渐增大，进化多任务优化算法的性能优势逐渐受到影响。为了解决该问题，文献(Ding et al.，2019)提出决策变量平移策略，通过在交叉前将不同任务的最优解平移到相同的位置，来解决最优解的位置不同导致的任务间知识转移效率下降的问题；文献(Wu & Tan，2020)通过在交叉前将不同任务若干个最优解的平均值之差作为不同任务之间的偏差，从而使转移过来的知识更符合新的任务，提高了任务间知识传递的准确性；文献(Wen & Ting，2017)通过使用分离方式检测和资源重新分配策略，在检测到分离现象后，停止不同任务间的知识共享，以避免不同任务适应度景观差异较大或最优解分离程度较大时负迁移的出现，取得了较好的效果。

此外，文献(Ding et al.，2019)指出，当不同任务的搜索空间维度不同时，直接使用选择性交叉策略会降低知识的传播效率。针对此问题，笔者提出了决策变量洗牌策略：当两个任务的维度不同时(不妨假设任务 T_1 的维度更小)，在进行跨任务的交叉操作前，需要将任务 T_1 个体中的变量顺序进行打乱，打乱顺序后，任务 T_1 个体中没有使用到的变量可以随机挑选任务 T_2 的个体中相应位置的变量进行替换。通过这样的洗牌操作，维度较小的任务中的变量能够概率均等地与维度较大的任务中的变量进行交叉，从而保证了维度不同的任务间知识转移的充分性和有效性。

1.2.3　遗传模糊系统

由 1.1.2 节可知，模糊系统通过语言型变量和模糊规则对专家知识进行建模，能够很好地为专家知识的融合提供接口，避免了复杂的数学运算；此外，模糊集合的使用，使模糊系统在不确定的场景下具有良好的伸缩性和灵活性。但是，对于一些复杂的现实问题，随着需要考虑的因素不断增多，模糊系统变量的数量也会随之增多，从而使模糊系统规则库的规模呈指数级增长。在这种情况下，利用模糊系统建模将大大增加模型的规模和结构复杂性，进而加大人工设置及调整系统规则和参数的工作量。此外，完全基于专家知识对模糊系统进行设计会带来模型主观性过强的隐患，且专家知识的不充分、不完备也会影响模糊系统的推理效率。因此，为了提高模糊系统的适应能力和推理准确性，需要研究模糊系统的自动设计方案。

模糊系统的自动设计可以看作是一个优化问题或搜索问题，即通过搜索算法，在一定的搜索空间中对模糊系统的结构和参数进行自动寻优以得到最优模糊系统。因此，具有强大全局搜索能力的进化计算被应用其中。20 世纪 90 年代初，文献(Karr，1991）首次将遗传算法和模糊系统两大人工智能技术相结合，提出遗传模糊系统的概念，并使用遗传算法对模糊系统的整个数据库参数进行优化。从那以后，学者们对遗传模糊系统这一课题的研究兴趣大大增加。遗传模糊系统能够在模糊系统对专家经验进行整合的基础上，利用进化计算对模糊系统中不同组件的编码能力及全局搜索能力，以及模糊系统的结构和参数进行高效地搜索与优化，进一步增强模糊系统的学习能力和适应能力，实现模糊系统的自动设计和优化方案(Herrera，2008)。

在遗传模糊系统中，进化计算借助自身独特的编码机制，为使用者提供了对模糊系统组件的遗传优化设计方案，即使用者可以根据自身的需求对模糊系统中的各种组件进行学习和优化，包括对数据库参数(隶属度函数参数、缩放函数参数)、规则库参数(规则的数量等)、推理机的参数甚至对整个规则库进行调优和学习，如图 1.6 所示。

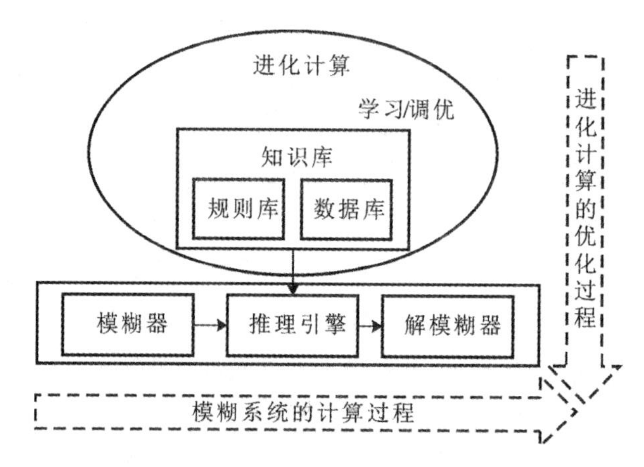

图 1.6 遗传模糊系统

遗传模糊系统中的优化方式主要分为两类：遗传学习和遗传调优(Cordón et al.，2004)。其中，遗传学习(Genetic Learning)不依赖于预先设定的规则库，在可能的规则库空间或整个知识库空间执行更详细的搜索，主要包括模糊规则的遗传选择、知识库组件的同步遗传学习、模糊规则的遗传学习和数据库遗传学习等；遗传调优(Genetic Tuning)会预先通过专家给定或利用数据进行训练等方法确定模糊系统的规则库，优化的目标是为系统的数据库参数找到一组最优解，主要包括对知识库参数的遗传调优和对推理机参数的遗传调优等。

1.2.4 遗传模糊树

由 1.1.3 节可知，级联模糊系统可以通过若干层次连接的低维模糊系统解决模糊系统规则爆炸问题，但是在级联模糊系统中，顶层的模糊系统只接收清晰输入，低级别的模糊系统可以同时接收清晰输入和来自上面层的模糊输出。随着模糊系统之间耦合度的增加，性能会下降。因此，级联模糊系统的性能上界是由单个低级模糊系统决定的。在解决更复杂的问题时则需要通过使用遗传模糊树(Ernest，2015)进一步简化，遗传模糊树最初是从级联模糊结构(Barker et al.，2011)开始的，它可以利用遗传算法的搜索能力和进化能力对模糊树的参数进行学习和优化，既保留了模糊树可以解决模糊系统在处理大型复杂问题时的维度灾难问题的能力，减少了时间和成本，又有效地提高了模糊系统的学习能力和适应性，并增强了推导结果的正确性。但是，目前还没有关于遗传模糊树的一般框架模型，所以本小节参考文献(Ernest，2015)中的 LETHA 模型，结合遗传模糊系统和级联模糊系统的特点，提出如图 1.7 所示的遗传模糊树一般框架。

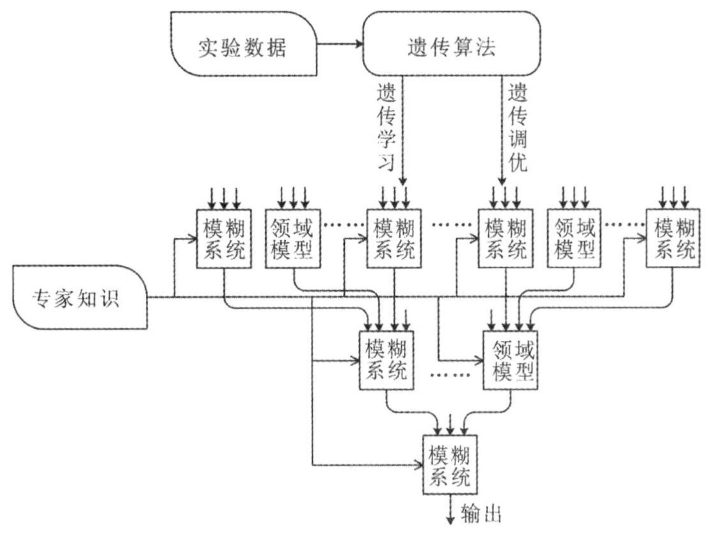

图 1.7　遗传模糊树一般框架

该模型由大量领域模型和遗传模糊系统构成，领域模型根据所要解决的实际应用问题进行具体选择，遗传模糊系统通过对专家经验进行整合并利用遗传算法对模糊系统进行训练，增强遗传模糊树的学习能力和适应能力，提高推理结果的准确性。大量的遗传模糊系统和领域模型以一种类似级联模糊系统的方式相互关联，并且可以被建模为一组不同的层级结构。遗传模糊系统和领域模型之间的连接更为复杂，并不总是遵循自顶向下的方法。所以，在利用遗传模糊树研究多示例学习算法模型，解决作战意图识别问题的工作中，可以借助遗传模糊树的独特层级结构对作战意图识别问题进行层次分解，降低单个模糊系统的规模和复杂程度，避免以往模糊系统在处理大型复杂问题时的维度灾难，减少时间和成本。

本章小结

本章简要介绍了后续章节的相关基础知识，首先是模糊系统，包括模糊集合与模糊理论的基本概念，以及对模糊系统和级联模糊系统的介绍，然后在遗传算法与进化多任务优化算法两种典型的进化算法基础上，介绍了遗传模糊系统与遗传模糊树的原理和相关概念。

第2章 基于专家知识的关键点推理级联模糊系统

在进行作战任务规划关键点推理的过程中，需要处理很多不确定的、模糊的态势信息，这大大增加了关键点推理的难度和复杂程度。模糊系统作为处理模糊信息的强大工具，有望有效处理关键点推理过程中的不确定信息，完成模糊信息下的推理与决策。同时，由于关键点推理问题较为复杂，需要考虑众多因素，因此在使用模糊系统对其进行建模时，系统会具有较为庞大的规模，从而增加专家设置系统参数的工作量与日后对系统进行优化的耗时和成本。由1.1.3小节对级联模糊系统的介绍可知，级联模糊系统能够在一定程度上降低模糊系统规则库的规模，且根据指挥员层次化分解的规划思路，可以方便地利用模糊系统的级联结构对作战任务规划的专家知识进行模仿、表达和建模。因此，级联模糊系统自然成为关键点推理的首选方法。基于上述分析，本章主要研究关键点推理级联模糊系统的构建和实现方案。

2.1 兵棋推演中的作战任务规划关键点

考虑到兵棋推演规则明确、算子规范，且从兵棋平台中提取作战推演数据相对简单，因此，本书以兵棋为仿真实验平台(见附录Ⅰ)进行关键点推理遗传模糊系统相关技术的研究和实验，但本书所提方法对于其他模拟仿真平台依旧适用。为了让作战任务规划方法能够学习到作战任务规划中人类专家的知识和经验，本书对兵棋推演过程中人类指挥员的作战任务规划过程进行了详细分析。在对指挥员的作战任务规划过程进行分析时发现，指挥员频繁地使用到了“作战任务规划关键点”这一隐性的专家知识来辅助作战任务规划，如关键的进攻点、关键的制高侦察点、关键的夺控点等。通过地形、视界和射界等要素预测出这些关键点后，指挥员就可以依据这些不同类型的关键点进行作战方案的制订，并据此进行作战任务的分配和兵力的部署，进而形成较为周密的作战计划。因此，如果在设计作战任务规划技术时能够借助专家知识事先推理出这些具有作战优势的关键点，就能够像人类指挥员进行作战任务规划时那样，通过借助关键点来辅助作战任务的规划，从而降低作战任务规划的复杂性，解决作战任务规划搜索空间巨大、规划水平过低等问题，提高规划的效率和水平。下面使用一个具体的作战任务规划实例说明对关键点进行推理对作战任务规划的可行性和重要性。

以图 2.1 所示的想定为例，地图中每个六角格上方的标注为六角格的编号，下方的标注为六角格的高程。图中标出了红方兵力的初始位置以及夺控点的位置。蓝方的初始位置在地图的右下角(超出地图范围)。在该想定下，根据专家经验，红方指挥员会形成“率先占领夺控点并在夺控点附近部署兵力”的作战策略，来抵挡蓝方的进攻态势。

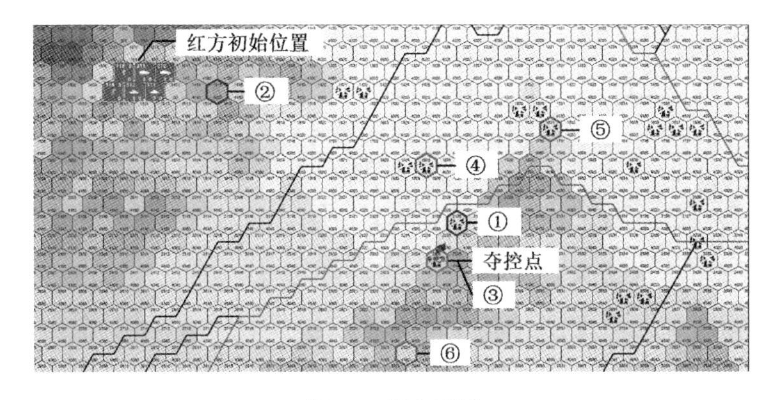

图 2.1　想定示例

为了顺利完成夺控和兵力的部署，红方指挥员会确定一些关键点。在该想定中，兵棋专家根据经验给出的关键点见图 2.1 中的①～⑥号六角格。其中，①号和②号六角格为步战车的关键点：①号关键点可以通视夺控点附近区域的开阔地，且居民地地貌有较好的隐蔽作用，因此适合步战车对发现的蓝方兵力进行射击；②号关键点(高地)可以通视夺控点附近的区域，且距离夺控点 20 格以内，因此适合步战车使用车载导弹进行火力打击和支援。③号和④号六角格为步兵的关键点：③号关键点为居民地地貌，适合步兵夺控后据守，利用居民地的遮蔽效果，对前来夺控的红方棋子进行打击；同理，④号关键点处的居民地也同样适合部署步兵。⑤号和⑥号六角格为坦克的关键点：⑤号高地关键点位于高地的侧面，能够通视夺控点一侧山脉的前方，便于对企图通过并从夺控点上方山脉迂回夺控的棋子进行射击，同时射击后也方便撤到左上方的居民地附近隐藏；⑥号关键点同理，可以部署坦克对企图从夺控点下方迂回的棋子进行打击，并在打击后撤到地势较低的左侧位置附近躲避。

得到上述关键点后，红方指挥员会根据这些关键点的位置进行任务设计、兵力分配和行动规划，最终形成作战方案。在本想定中，红方指挥员得到的作战方案如图 2.2 所示。

如图 2.2 所示，红方会在左翼派遣一个坦克排机动到⑤号关键点，不断消灭蓝方机动至(1)号六角格附近区域开阔地的棋子；右翼派遣一个坦克排，配合步兵小队，在(2)号六角格利用⑥号关键点对蓝方棋子进行打击，当左翼坦克小队消灭在视野内的蓝方棋子后可以继续向前推进；中路一辆步战车装载步兵机动到(3)号六角格，完成步兵运输后步兵下车夺控，步战车进入①号关键点就地隐蔽，防止蓝方近战回击；另外一辆步战车机动到(4)号六角格完成运兵，步兵下车进入④号关键点伺机进攻，步战车快速后撤，机动至②号关键点进行掩蔽，主要攻击机动至(5)号高地地域的车辆。等到蓝方大量兵力被歼灭后，红方在②号关键点的步战车向前机动，替换①号关键点的步战车和③号关键点的步兵看守夺控点，①号关键点的步战车和③号关键点的步兵继续向前突进配合两翼的坦克排围剿剩余的蓝方兵力，将其全歼于夺控点山脉右侧。在红方胜利夺控，并成功防守住多次蓝方进攻后，坦克排快速反应，将蓝方全歼于(6)号六角格附近的开阔地地域。

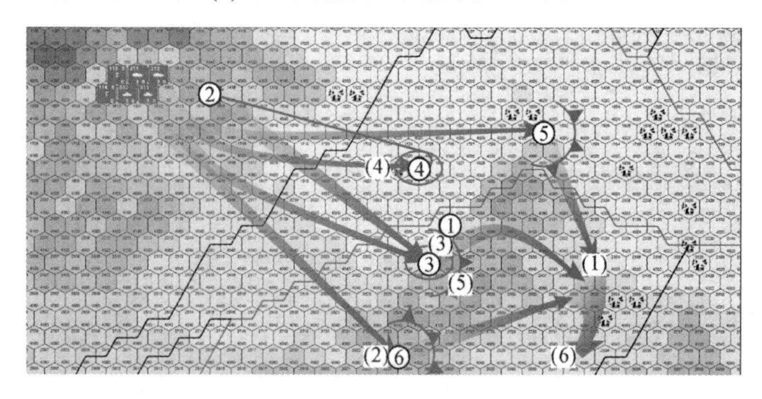

图 2.2 想定示例下红方指挥员的作战方案

由此可见，挑选出关键点，然后依据关键点进行作战方案的制订和作战计划的实施，符合指挥员进行作战任务规划的思路和流程，具有一定的可行性。此外，从上例还可以看出，如果可以借助专家知识帮助智能作战任务规划技术推理出上述关键点，能大大简化作战任务规划的复杂性，更方便地将多棋子、全局性的作战任务规划问题分解为多个协同的单棋子、分阶段的作战任务规划问题，从而提升作战任务规划的效率和水平。

从指挥员在兵棋推演前的作战任务规划过程中还可以看出，借助 1.1.2 节所述的模糊系统相关技术方法，根据兵棋专家的知识对相关的态势信息变量进行模糊，然后借助专家经验编写模糊系统的规则，来实现对关键点的推理和计算，与指挥员对关键点的推理思路一致，因此使用模糊系统相关技术实现对关键点的推理是可行的。综上所述，本书将以作战任务规划关键点的推理问题作为提升作战任务规划效率的切入点和着手点，研究基于模糊系统及遗传模糊系统相关技术的关键点推理方案，从而为提升作战任务规划效率、简化作战任务规划的复杂性提供新的思路。

2.2 关键点推理级联模糊系统的构建流程

关键点推理级联模糊系统的构建流程如图 2.3 所示。

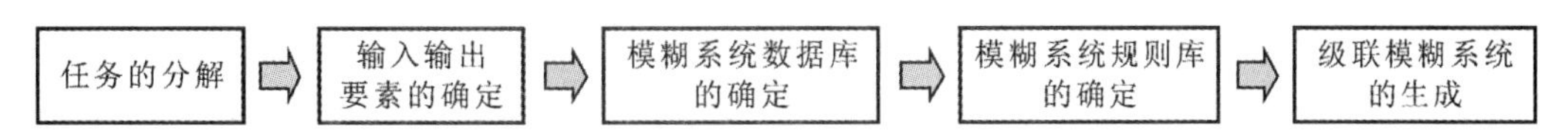

图 2.3　关键点推理级联模糊系统的构建流程

从图 2.3 中可以看出，关键点推理级联模糊系统的构建共分为以下五个步骤。

步骤 1：根据专家经验，从待推理的关键点入手，对关键点推理问题进行分解。根据对待推理关键点的理解与分析，利用专家知识和经验将关键点的推理思路进行总结并分层，将关键点推理问题分解为若干个相对简单的子问题，从而为构造模糊系统的级联结构打下基础。例如，在推理“防守关键点”时，红方指挥员根据推演经验，首先会预测蓝方的行动轨迹和路线，然后在该路线附近对蓝方可能的进攻位置进行判断，进而根据推断出的蓝方进攻位置对一些不容易被其武器射程覆盖的红方安全备选位置进行筛选，最后在筛选出的备选位置中找出最适合对防守目标周围可能出现的蓝方棋子进行打击的位置作为防守关键点。因此，防守关键点的推理任务可以分解为蓝方进攻位置推理、安全备选位置推理、防守关键点推理三个子任务。

步骤 2：根据分解出的子问题，分别确定每个子问题的输入要素和输出要素，也就是说，根据每个子问题需要得到的结果对子问题的输入和输出变量进行研究。通过步骤 1 和步骤 2，就可以刻画出关键点推理级联模糊系统的总体框架。

步骤 3：根据步骤 2 得到的子问题和每个子问题的输入要素与输出要素，构建相应的子模糊系统，并根据专家知识确定各个子模糊系统的数据库参数。其中，每个子问题的输入、输出要素对应于子模糊系统的输入模糊变量和输出模糊变量。借助专家知识与经验，对各个模糊变量进行模糊化，确定模糊变量的模糊分区、隶属度个数、隶属度函数参数和推理引擎参数等数据库参数。

步骤 4：基于专家经验确定模糊规则，包括模糊规则的前件后件对应关系与模糊规则库的规则总数，从而确定模糊系统的规则库。

步骤 5：按照步骤 1 中对关键点推理问题的分解思路，将各子模糊系统进行级联，构造出最终的级联模糊系统。

下面以进攻任务中的关键点为例，对其级联模糊系统的框架设计与实现进行详细说明。

2.3 进攻点推理级联模糊系统的设计

进攻任务属于作战任务的一种，且广泛存在于兵棋推演的过程中。例如，当红方作战单元距离主夺控点较远，而蓝方作战单元距离主夺控点较近时，蓝方很可能凭借距离优势率先占领主夺控点，因此红方需要执行进攻任务，对蓝方抢先占领的主夺控点进行进攻；当红方需要占领一个“战略重地”时，也需要红方执行进攻任务，清除“战略重地”附近的蓝方兵力，为占领该重要位置做准备。本节以进攻任务为研究对象，基于兵棋专家的知识和经验设计级联模糊系统来寻找进攻任务中的作战任务规划关键点，为执行进攻任务时的兵力部署、路径规划和任务分派打下基础，提高进攻的效率和胜算。本节详细介绍推理进攻任务中关键点的级联模糊系统的框架设计。

为了方便表述和讨论，本节所指的进攻任务是指已知进攻目标和进攻方初始位置，进攻方作战力量向进攻目标机动并对进攻目标附近的防守方进行打击的作战任务。进攻任务的目的是尽可能多地消耗防守方作战单元的数量，为进攻方进一步占领进攻目标做准备。与进攻任务相对的是防守任务。

定义 2.1(进攻点)：进攻任务中的进攻方的作战任务规划关键点称为进攻点。进攻点定义如下式所示：

$$kp_a = \{< p, s(p), B, m >| p \in M, m = \text{attack}\} \tag{2.1}$$

其中，kp_a 表示关键点，这里表示进攻点；p 表示关键点的位置；B 表示关键点所属的作战方，如果作战方为红方和蓝方，则 $B \in \{\text{red}, \text{blue}\}$；$M$ 表示整个战场范围；$s(p)$指位置 p 是关键点的可能性，使用归一化的分数表示，即 $s \in [0,1]$，$s(p)$越接近于 1，表示 p 是关键点的可能性越大；m 表示关键点的类型，对于进攻关键点来讲，m = attack。

从定义 2.1 可以看出，进攻点是一些六角格的集合，在这些六角格上，$s(p)$越大，表示该六角格越有利于进攻方的棋子位于其上对进攻目标附近的防守方进行攻击。

定义 2.2(安全位置)：安全位置定义为在进攻方执行进攻任务的过程中，地貌为居民地、丛林地的六角格及地形为反斜面的六角格的集合。例如，当进攻方为红方时，安全位置如下式所示：

$$p_s = \{< p, B, m >\} \mid B = \text{red}, m = \text{attack}, l_p = 居民地\text{or}丛林地\text{or}反斜面\} \tag{2.2}$$

其中，p_s 表示安全位置；l_p 表示位置 p 的地貌和地形特征。

由于居民地和丛林地能够对棋子进行一定程度的遮蔽，而反斜面是防守方棋子的射击死角，因此进攻方在安全位置上不容易被防守方通视或观察，安全程度较高。

不失一般性，令红方为进攻方，蓝方为防守方(下同)，因此，本节剩余部分需要利用模糊系统技术完成对红方进攻点的推理。根据图 2.3 描述的关键点推理级联模糊系统的构建流程，进攻点推理级联模糊系统的框架设计分为“问题的分解”和“输入输出要素的确定”两个部分。

2.3.1 问题的分解

在度量一个六角格适合作为进攻点的程度时，不仅要考虑红方棋子在该六角格上的攻击能力(以下简称为六角格的攻击能力)，即红方棋子位于该六角格上对进攻目标附近蓝方防守棋子的有效攻击情况，还要考虑红方棋子在该六角格上的安全性能(以下简称为六角格的安全性能)，即红方棋子在该六角格上被蓝方棋子回击的可能性与损伤程度。因此，度量一个六角格是否适合作为进攻点时，既要考虑其攻击能力的强弱，也要考虑其安全性能的高低。在度量某个六角格的攻击能力时，首先要明确攻击对象，即要攻击的蓝方守军的位置及这些位置的高程、地貌等属性信息；在度量某个六角格的安全性能时，同样需要了解有可能威胁到该六角格上红方棋子的蓝方守军的位置和数量等信息。因此，度量一个六角格是否适合作为进攻点的程度的第一步就是确定可能的蓝方防守位置。

得到蓝方防守位置后，六角格的攻击能力可以根据红、蓝双方的距离，红方棋子配备武器的种类和射程直接计算得到；六角格的安全性能虽然无法直接计算，但是可以根据红方棋子在该六角格上被蓝方守军回击的可能性，以及该六角格是否适合掩蔽和隐藏等因素通过模糊推理确定。

综上所述，进攻点的推理可以分解为四个子问题：蓝方防守位置的推理问题、六角格攻击能力的计算问题、六角格安全性能的推理问题及进攻点的推理问题。

2.3.2　输入输出要素的确定

由于在作战任务规划阶段，蓝方的位置信息是未知的，因此需要对可能的蓝方防守位置进行推理。蓝方守军为了完成对进攻目标的防守，必然会在进攻目标附近部署一定的兵力形成蓝方防守区域。

定义 2.3(蓝方防守区域)：为了完成对红方要攻占的进攻目标的防守，蓝方守军可能部署的位置所形成的防守范围称为蓝方防守区域 C。

要想确定蓝方的防守位置，首先需要确定蓝方防守区域 C。该区域通常由专家根据红蓝双方的武器射程确定。根据专家经验和常识可知，蓝方守军通常会藏身于蓝方防守区域内相对安全的位置，也就是由于地形或地貌特征不易被红方进攻棋子通视或观察的六角格。因此，在蓝方防守位置的推理问题中，推理的范围为蓝方防守区域内的六角格，输入要素为六角格的地形特征和地貌特征，输出要素为该六角格成为蓝方防守位置的可能性。

对于六角格攻击能力的计算，在已知蓝方防守位置的条件下，计算出红方棋子位于该六角格上能够射击到的蓝方防守位置集合，即六角格的有效攻击范围，然后计算红方棋子对能够射击到的每个蓝方防守位置的攻击等级(以下简称对蓝方攻击等级)并求和就可以计算出六角格的攻击能力值。

与攻击能力不同，六角格的安全性能是模糊、不确定的，无法通过直接计算得到。结合专家知识可知，在度量某个六角格的安全性能时要考虑蓝方的回击能力，即红方棋子在该六角格是否会被蓝方守军回击及回击等级的大小，同时也要考虑该六角格的地形、地貌和高程特征是否适合红方棋子掩蔽和隐藏。其中，蓝方的回击能力越小，说明红方棋子在该六角格对蓝方守军进行攻击时，被其他的蓝方棋子伺机回击的可能性和损伤程度越小，则安全性能越高；当该六角格的地貌为居民地、丛林地时，相对于其他六角格，红方棋子在攻击时由于地貌的遮蔽自身不易被蓝方守军发现，同时这两类地貌的遮挡也能减弱蓝方对红方的回击效果，在一定程度上也增加了安全性能；如果该六角格为高地，那么根据附录Ⅰ中兵棋推演的掩蔽规则可知，六角格的高程越高，掩蔽作用越不容易失效，因此也能在一定程度上增加六角格的安全性能。综上所述，根据可能的蓝方防守位置，通过红蓝双方的距离、蓝方使用的武器种类和射程等可以得到对该六角格有回击能力的蓝方防守位置数量和相应的蓝方回击等级，进而计算出蓝方回击能力，然后结合地形、地貌和高程特征对该六角格的安全性能进行推理。由此可知，六角格安全性能的推理的输入要素是蓝方回击能力、地形、地貌和高程，输出要素是六角格的安全性能。

而对于最后的进攻点的推理问题，易知输入要素是六角格的攻击能力和六角格的安全性能。

2.3.3 框架生成

根据上述思路，推理进攻点的级联模糊系统可以分解为图 2.4 所示的三层：第一层是对蓝方防守位置模糊系统的设计，通过该模糊系统输出蓝方可能的防守位置，用长虚线框框出；第二层包括安全性能模糊系统的设计和六角格攻击能力的计算，用短虚线框框出；最后一层是进攻点模糊系统的设计，以安全性能模糊系统的输出和计算得到的六角格的攻击能力为输入，输出最终的六角格是进攻点的可能性，用实线框框出。

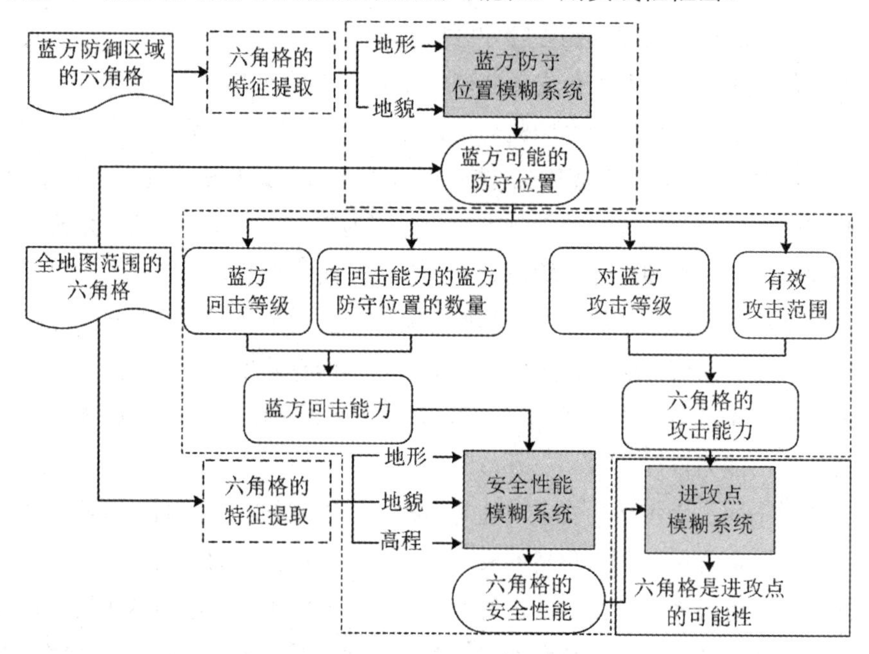

图 2.4 进攻点推理级联模糊系统框架

2.4 进攻点推理级联模糊系统的实现

本节阐述进攻点推理级联模糊系统中的四个子部分：蓝方防守位置模糊系统、安全性能模糊系统、攻击能力的计算及进攻点模糊系统。

2.4.1 蓝方防守位置模糊系统

如图 2.4 所示，量化可能的蓝方防守位置时主要考虑地形和地貌两个因素，因此将地形和地貌作为模糊系统的输入，构建蓝方防守位置模糊系统对每个六角格成为蓝方防守位置的可能性进行推理。

其中，针对地形输入，如果一个六角格在面向红方一侧有高地、居民地或丛林地，则可以阻挡红方棋子对该六角格上蓝方守军的通视、观察和射击，且数量越多，意味着红方棋子有更大的可能性无法对该防守位置进行通视、观察和射击，因此以面向红方一侧周围的高地、居民地和丛林地的数量来量化六角格的地形特征。考虑到蓝方守军为了增加自身的安全性，通常会选择山脚和居民地、丛林地边缘的位置，因此只在面向红方一侧相邻的 4 个六角格内考虑高地、居民地或丛林地的数量，且同一个六角格如果同时具有上述多个特征，则只计一次。例如，在图 2.5 中，六角格 1129 为红方初始位置，为了量化六角格 0723 是蓝方防守位置的可能性，需要判断该六角格面向红方一侧，也就是被框出且使用阴影填充的 4 个六角格(0624、0724、0824 及 0823)中高地、居民地和丛林地的数量，因此六角格 0723 的地形值为 2。

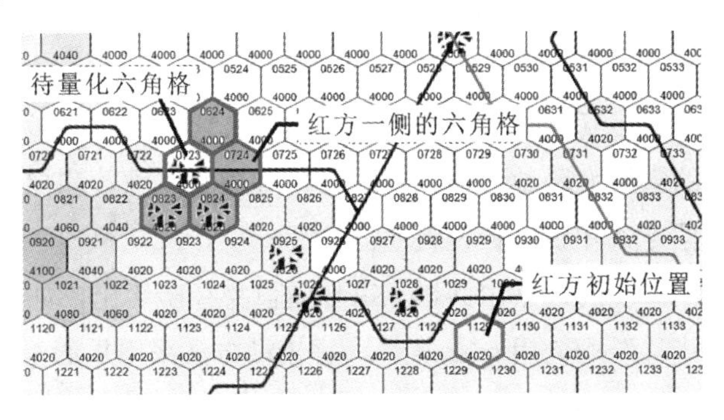

图 2.5　蓝方防守位置模糊系统地形值计算

综上，蓝方防守位置模糊系统中地形的隶属度函数如图 2.6 所示。

其中，横轴为待量化六角格面向红方一侧 4 个六角格中高地、居民地或丛林地的数量。地形隶属度函数选择了常用的三角形隶属度函数和梯形隶属度函数，隶属度函数的参数依据专家知识设置。

针对地貌输入，若一个六角格的地貌是居民地或丛林地，则根据附录 I 可知，相对于开阔地，居民地和丛林地的遮蔽作用使得蓝方守军更不容易被红方发现，并且居民地和丛林地的遮挡会减弱红方棋子的射击效果，因此在一定程度上提高了该六角格的安全性能，使得该六角格更可能被蓝方选中作为防守位置。所以，地貌通过一个六角格是否为居民地或丛林地来量化，若是，则为 1；反之则为 0。在图 2.5 中，六角格 0723 的地貌值为 1。蓝方防守位置模糊系统中地貌的隶属度函数如图 2.7 所示。

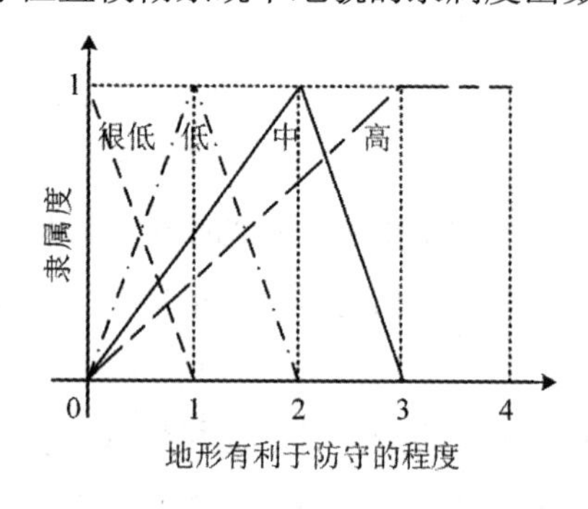

图 2.6 地形的隶属度函数

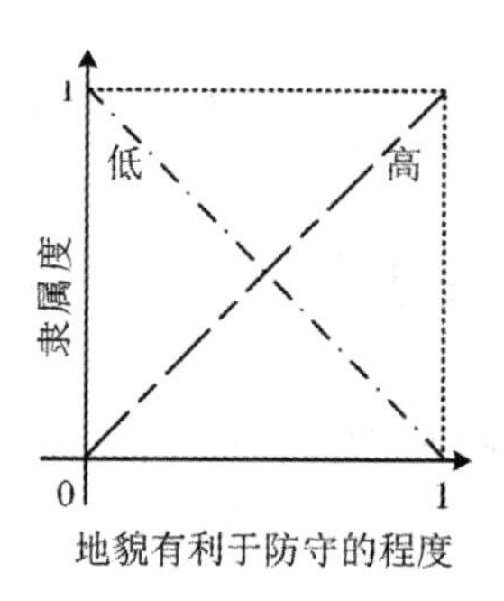

图 2.7 地貌的隶属度函数

蓝方防守位置模糊系统的输出是该六角格是蓝方防守位置的可能性，对应的隶属度函数如图 2.8 所示。

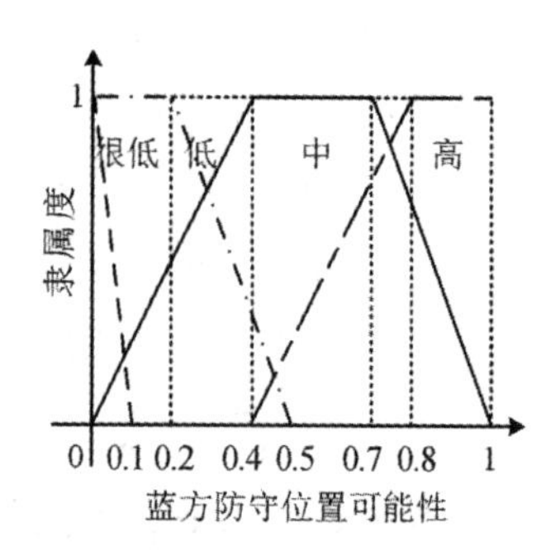

图 2.8 蓝方防守位置模糊系统中输出变量的隶属度函数

其中，系统输出的隶属度函数同样选择了三角形隶属度函数和梯形隶属度函数，隶属度函数的参数也是依据专家知识进行设置的。

蓝方防守位置模糊系统的规则由兵棋专家凭借自身经验给出，如表 2.1 所示。规则中的蕴含运算和连接符“且”均使用 max 算子，解模糊方法采用重心法。

表 2.1 蓝方防守位置模糊系统规则库

六角格是蓝方防守位置的可能性		地形有利于防守的程度			
		很低	低	中	高
地貌有利于防守的程度	低	很低	低	低	中
	高	很低	低	中	高

根据设计好的蓝方防守位置模糊系统，以蓝方防守区域内的所有六角格为输入，就可

以得到每一个六角格是蓝方防守位置的可能性。一个六角格是蓝方防守位置的可能性越大，说明该六角格在进攻作战过程中越有可能被蓝方防守棋子据守。

2.4.2　安全性能模糊系统

在利用蓝方防守位置模糊系统确定蓝方防守区域内可能的蓝方防守位置后，根据 2.3.2 节的分析，可以利用这些蓝方防守位置计算出待量化六角格的蓝方回击能力，同时结合地形、地貌、高程等因素推理出六角格的安全性能。由附录 I 对兵棋中棋子的介绍可知，不同的棋子在使用的武器、机动速度、射击方式、攻击能力及防守能力上均有较大的差别，在度量六角格的安全性能时考虑的因素也略有差异，因此对不同的棋子类型分别讨论。

本小节以坦克棋子为例，详细说明安全性能模糊系统的构建，步战车与步兵棋子雷同，不再赘述。根据附录 I 中对坦克棋子的介绍可知，坦克机动速度最快，且是唯一可以进行行进间射击的棋子。通过分析、整理兵棋推演中指挥员对坦克的操作过程发现，为了使坦克的战斗力最大化，坦克通常会隐蔽于一个相对安全的六角格，当发现目标后，机动至便于射击的位置对目标实施行进间射击；射击后坦克为了防止被蓝方守军回击，通常会后撤到射击位置附近相对安全隐蔽的位置，如反斜面或居民地、丛林地的内部。因此，考虑坦克在六角格上的安全性能时既要考虑六角格本身的安全性，还要考虑六角格附近坦克后撤位置的安全性。根据专家经验，六角格本身的安全性可以通过蓝方对该六角格的回击能力和地貌特征进行量化；六角格附近坦克后撤位置的安全性能可以根据六角格的地形特征来量化。因此，六角格安全性能的影响因素如图 2.9 所示。

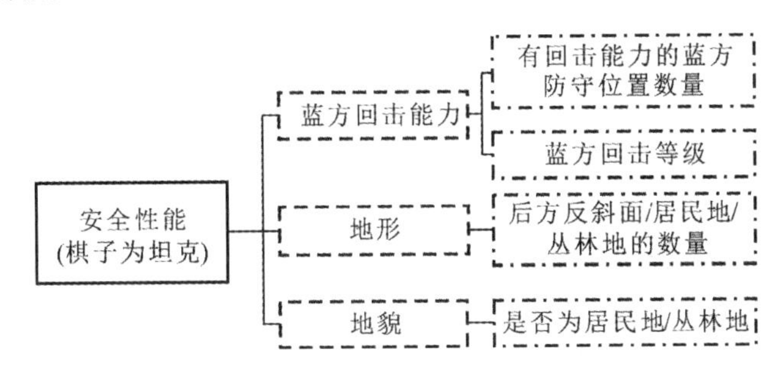

图 2.9　棋子类型为坦克时六角格安全性能的影响因素

其中，影响六角格安全性能的蓝方回击能力通过每一个有回击能力的蓝方防守位置对待量化六角格的回击等级之和表示。考虑到驻守在防守位置的蓝方棋子的种类和使用武器类型的不确定性，为了表示出蓝方守军的最大回击能力，假设蓝方守军使用了回击等级最高的武器。同样，考虑到蓝方防守位置的信息是模糊的，将蓝方防守位置模糊系统的输出也作为参考因素，作为蓝方回击等级的加权因子。综上，蓝方回击能力的计算公式如下：

$$\sum_{p_d} s_{p_d} \cdot \max\{B_{p_d}\} \tag{2.3}$$

其中，p_d 是具有回击能力的蓝方防守位置；$\max\{B_{p_d}\}$ 是在 p_d 处蓝方棋子对该六角格回击等级的最大值；s_{p_d} 是防守位置 p_d 处的蓝方防守位置模糊系统输出值，即 p_d 位置是蓝方防守位置的可能性值。

影响六角格安全性能的地貌因素与 2.4.1 小节中蓝方防守位置模糊系统的地貌输入相同，如果六角格的地貌是居民地或丛林地，则地貌值为 1，反之为 0。

在考虑影响六角格安全性能的地形因素时，由于坦克射击后通常要后撤以防止被蓝方守军回击，因此，地形因素主要考虑是否有利于坦克的后撤：在坦克的可机动范围内，该六角格后方安全位置的数目越多，后撤后越不容易被蓝方发现，因此安全性能越好。考虑到通常坦克初始的机动力值最多为 5 格，且安全位置存在冗余，因此用六角格面向红方一侧两层内六角格中安全位置的个数表示地形值。例如，在图 2.10 中，六角格 2047 为进攻目标，为了量化六角格 2535 安全性能中的地形值，需要判断面向红方一侧，也就是被条纹填充的两层六角格中安全位置的数量。图 2.10 中被阴影填充的居民地六角格 2534、2634 和低地六角格 2635 是安全位置，所以六角格 2535 的地形值为 3。为了简化问题的复杂性，此处不再考虑不同安全位置安全程度的不同带来的影响。

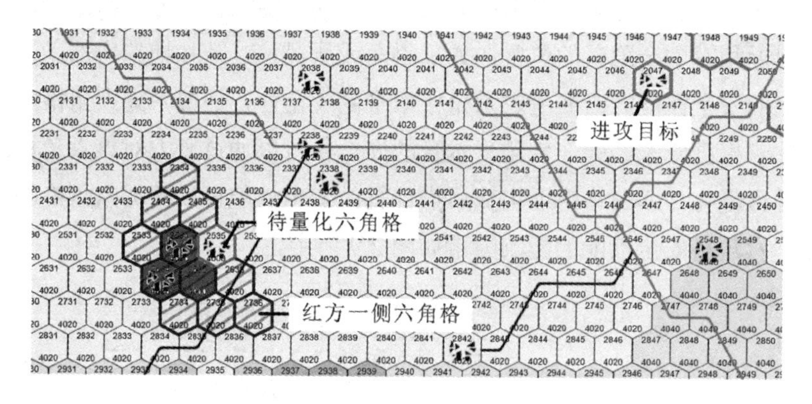

图 2.10 安全性能模糊系统地形值计算

综合上述考虑因素，使用安全性能模糊系统(见表 2.2)推理棋子类型为坦克时六角格的安全性能。

表 2.2 安全性能模糊系统的特性

模糊变量		隶属度函数个数	模糊变量取值
输入	蓝方回击能力	4	很低、低、中、高
	地形	3	低、中、高
	地貌	2	低、高
输出	安全性能	5	低、偏低、中、偏高、高

其中，地形的隶属度函数如图 2.11 所示，系统输出的安全性能的隶属度函数如图 2.12

所示。

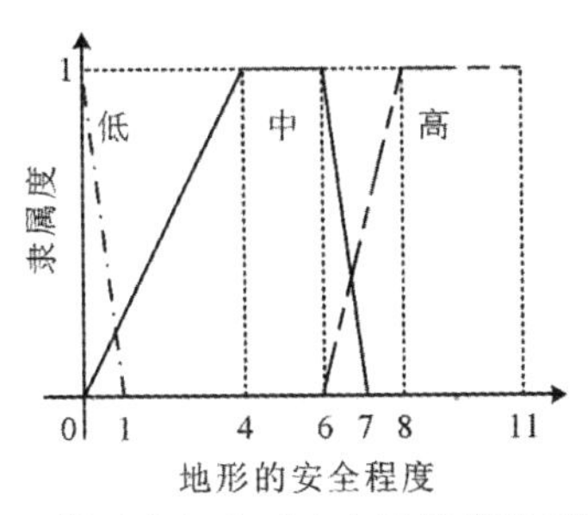

图 2.11　棋子为坦克时安全性能模糊系统中地形的隶属度函数

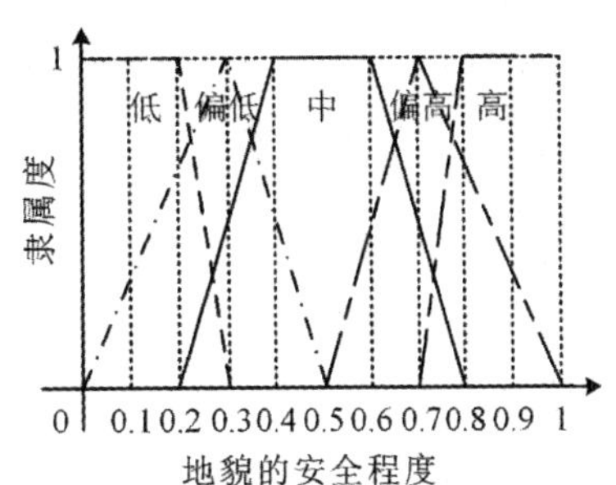

图 2.12　棋子为坦克时安全性能模糊系统中地貌的隶属度函数

坦克安全性能模糊系统的模糊规则见附录Ⅱ。由附录Ⅰ可知，坦克具有不同的装甲类型，且装甲程度越低，在蓝方守军的回击下就越容易受到损伤，因此对所在六角格的安全性能要求更高。对不同装甲程度的坦克，在模糊规则的设置要进行区分。同蓝方防守位置模糊系统一样，系统模糊分区、隶属度函数的形状和参数、系统规则和推理引擎参数等也均由专家根据自身经验给出。

2.4.3　攻击能力的计算

如 2.3.2 节所述，六角格的攻击能力指的是红方棋子在该六角格上对蓝方守军的打击能力，可以使用红方对蓝方的攻击等级和有效攻击范围共同量化，计算公式如下：

$$\sum_{p_a} s_{p_a} \cdot A_{p_a} \tag{2.4}$$

其中，p_a 是红方棋子在该六角格上可以打击到的蓝方防守位置；s_{p_a} 为 p_a 是蓝方防守位置的可能性值；A_{p_a} 是红方棋子在该六角格对防守位置 p_a 的攻击等级。攻击等级的计算公式如下：

$$A_{p_a} = \sum S_{p_a}^{a} \times w_a \tag{2.5}$$

其中，$S_{p_a}^{s}$ 是棋子使用武器 a 对位置 p_a 进行射击时的射击等级，该射击等级可以利用红蓝双方的距离根据附录Ⅰ的表Ⅰ.2～表Ⅰ.4 求得；w_a 代表武器 a 的权重。

为了简化问题的复杂性，在计算攻击等级时假设驻守在蓝方防守位置 p_a 处的棋子是人员和车辆的概率各为 1/2。

考虑到对于不同类型的棋子，可配备的武器种类、常用的射击方式等有一定的差别，因此对三类棋子的攻击等级计算进行具体说明。

1. 坦克攻击等级的计算

在兵棋推演中，红方坦克棋子可配备的武器种类较多，但根据专家经验，考虑到武器的威力和射程，坦克在行进间射击时优先使用直瞄炮，因此在计算坦克攻击等级时只考虑使用直瞄炮。由于直瞄炮的型号在推演前是可知的，因此依据确定的直瞄炮型号和到蓝方防守位置的距离，根据附录Ⅰ中表Ⅰ.2～表Ⅰ.3 所示的直瞄炮射击等级与距离的对应关系，就可以得出相应的攻击等级。

2. 步战车攻击等级的计算

与坦克不同，步战车常用的武器种类较多。因此，需要对常使用的武器进行加权处理。

1) 后撤型步战车的攻击等级

根据专家经验，后撤型步战车使用的武器通常为车载导弹、小号直瞄炮和近射炮。其中，车载导弹射程远、攻击等级高，通常优先使用；小号直瞄炮的射程比近射炮更远，且攻击等级相对较高，所以在车载导弹用尽后会使用小号直瞄炮，最后才会考虑使用近射炮。因此，根据式(2.5)，后撤型步战车对蓝方防守位置 p_a 上蓝方棋子的攻击等级计算公式如下：

$$A_{p_a}^{\text{后撤型步战车}} = S_{p_a}^{\text{车载导弹}} \times w_{\text{车载导弹}} + S_{p_a}^{\text{小号直瞄炮}} \times w_{\text{小号直瞄炮}} + S_{p_a}^{\text{近射炮}} \times w_{\text{近射炮}} \tag{2.6}$$

其中，根据专家的经验，$w_{\text{车载导弹}}=0.6$，$w_{\text{小号直瞄炮}}=0.3$，$w_{\text{近射炮}}=0.1$。

2) 前出型步战车的攻击等级

前出型步战车常用的武器是小号直瞄炮和近射炮。结合武器射程和攻击效果等因素，根据专家经验和知识可知，前出型步战车通常使用小号直瞄炮打击蓝方的人员和车辆，使用近射炮打击蓝方的人员。因此，根据式(2.5)，前出型步战车对蓝方防守位置 p_a 上蓝方棋子的攻击等级计算公式如下：

$$A_{p_a}^{\text{前出型步战车}} = \frac{1}{2}\times(S_{p_a\text{的车辆}}^{\text{小号直瞄炮}})+\frac{1}{2}\times(\max(S_{p_a\text{的人员}}^{\text{近射炮}},\ S_{p_a\text{的人员}}^{\text{小号直瞄炮}})) \tag{2.7}$$

其中，$S_{p_a\text{的车辆}}^{\text{小号直瞄炮}}$ 表示前出型步战车使用小号直瞄炮对位置 p_a 处车辆的射击等级；$S_{p_a\text{的人员}}^{\text{近射炮}}$ 表示前出型步战车使用近射炮对 p_a 处人员的射击等级。

从式(2.7)可以看出，在计算攻击等级时，假设步战车使用的武器是小号直瞄炮和近射炮中射击等级较大的一种。

3) 步兵攻击等级的计算

由附录Ⅰ的表Ⅰ.2～表Ⅰ.4 可知，在步兵配备的武器中，便携导弹射程相对较远且在射程范围内一直保持在较高的射击等级，因此常用来打击蓝方的车辆；火箭筒的射程只有 4 格，且射击等级较低，因此使用较少；人员轻武器射程更近，因此通常用来攻击蓝方的人员。结合各武器的性能以及使用情况，根据专家经验，步兵进攻点应该位于进攻目标 5 格以内。

根据式(2.5)，步兵对蓝方防守位置 p_a 上蓝方棋子的攻击等级计算公式如下：

$$A_{p_a}^{\text{步兵}} = \frac{1}{2}(S_{p_a\text{的车辆}}^{\text{便携导弹}} \times w_{\text{便携导弹}} + S_{p_a\text{的车辆}}^{\text{小号直瞄炮}} \times w_{\text{小号直瞄炮}}) + \frac{1}{2}(S_{p_a\text{的人员}}^{\text{人员轻武器}}) \tag{2.8}$$

其中，$A_{p_a}^{步兵}$ 是步兵对蓝方防守位置 p_a 的攻击等级；$S_{p_a的车辆}^{便携导弹}$ 是步兵使用便携导弹对蓝方防守位置 p_a 上的蓝方车辆进行进攻时的射击等级，该射击等级可以根据附录 I 的表 I.2 计算，使用其他武器的射击等级同理。根据兵棋专家的经验和知识，$w_{便携导弹}=0.2$，$w_{小号直瞄炮}=0.8$。

2.4.4 进攻点模糊系统

在通过安全性能模糊系统确定六角格的安全性能、通过攻击能力的计算确定该六角格的攻击能力后，将二者作为输入，通过构建进攻点模糊系统，输出六角格成为进攻点的可能性，如表 2.3 所示。

表 2.3　进攻点模糊系统

模糊变量		隶属度函数个数	模糊变量取值
输入	安全性能	5	低、偏低、中、偏高、高
	攻击能力	6	很低、低、偏低、中、偏高、高
输出	是进攻点的可能性	6	很低、低、偏低、中、偏高、高

不同类型的棋子对于安全性能和攻击能力的侧重稍有不同。其中，坦克是兵棋中最为重要的棋子，因此坦克的进攻点对于攻击能力和安全性能都有较高的要求，坦克的进攻点模糊系统的模糊规则如表 2.4 所示；对后撤型步战车来讲，由于后撤型步战车不具有行进间射击能力，在射击后没有办法躲避，会直接暴露在蓝方的火力之下，因此在选择后撤型步战车的进攻点时，对安全性能的要求比攻击能力的要求更多，后撤型步战车进攻点模糊系统规则库如表 2.5 所示；对前出型步战车来讲，由于在安全性能量化阶段只是获得了一些待选点，因此将上述待选点中根据攻击能力的分数大小进行排序，分数越高的待选点，越适合成为前出型步战车的进攻点。对步兵来讲，与前出型步战车相似，将地图上距离进攻目标 5 格以内的、地貌为居民地和丛林地的六角格，以及进攻目标面向红方一侧的反斜面作为步兵进攻点的待选点，利用攻击能力的分数进行排序，分数越高的待选点，越适合成为步兵的进攻点。

表 2.4　坦克进攻点模糊系统规则库

六角格成为坦克进攻点的可能性		安全性能				
		低	偏低	中	偏高	高
攻击能力	很低	很低	很低	很低	很低	很低
	低	低	偏低	偏低	偏低	中
	偏低	很低	偏低	低	中	偏高
	中	低	低	中	偏高	高
	偏高	低	中	偏高	高	高
	高	偏低	高	高	高	高

表 2.5 后撤型步战车进攻点模糊系统规则库

六角格成为后撤型步战车进攻点的可能性		安全性能				
		低	偏低	中	偏高	高
攻击能力	很低	很低	很低	很低	很低	很低
	低	很低	偏低	偏低	偏低	中
	偏低	很低	偏低	低	偏低	中
	中	低	偏低	低	中	偏高
	偏高	低	中	中	偏高	高
	高	低	偏高	偏高	高	高

2.5 仿真实验

为了验证本章所提出的方法的效果，针对图 2.13 所示的想定，使用 Python 对级联模糊系统进行仿真。

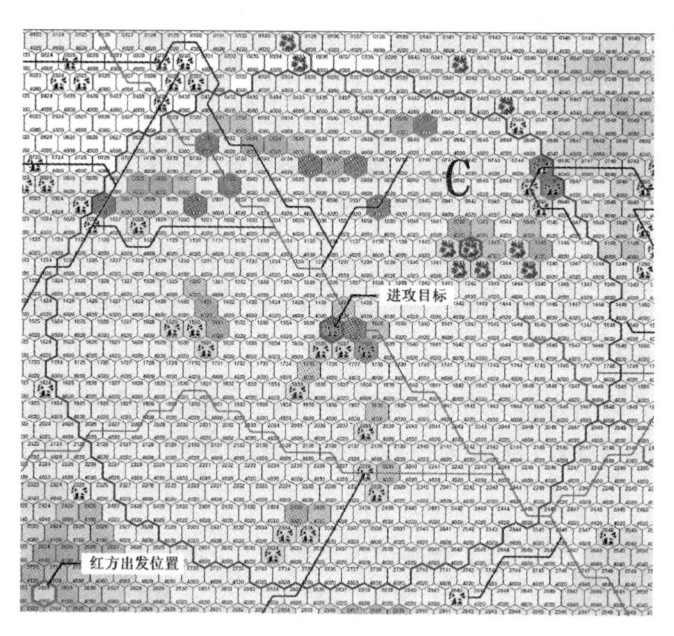

图 2.13 进攻任务想定示例与蓝方防守位置

图 2.13 中标出了进攻目标和红方初始兵力位置。根据经验，蓝方防守区域通常是一个圆形，圆心是红方的进攻目标。根据附录 I，考虑到蓝方棋子可能配备的武器中最大射程为 20 格，结合专家经验，蓝方防守区域的半径为 12 格。因此，蓝方防守区域为圆形区域 C，区域外围已框出。根据蓝方防守位置模糊系统，可以得出蓝方防守区域内可能的防守位置如图 2.13 中圆形区域 C 内使用阴影填充的六角格所示。其中，六角格颜色越深，表示在作战时蓝方守军驻守在该位置的可能性越大。

接下来，根据蓝方防守位置，通过安全性能模糊系统的推理和攻击能力的计算，使用进攻点模糊系统得到的坦克进攻点位置、步战车进攻点位置和步兵进攻点位置如图 2.14 所示。

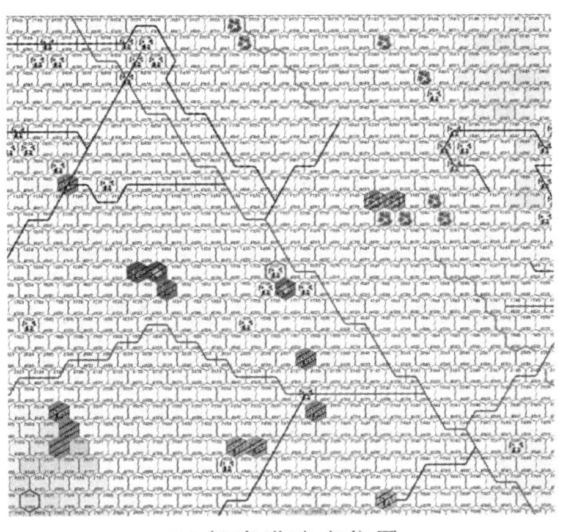

(a) 坦克进攻点位置

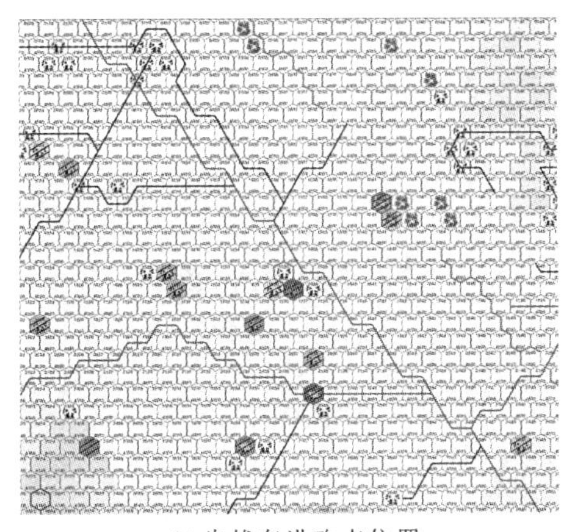

(b) 步战车进攻点位置

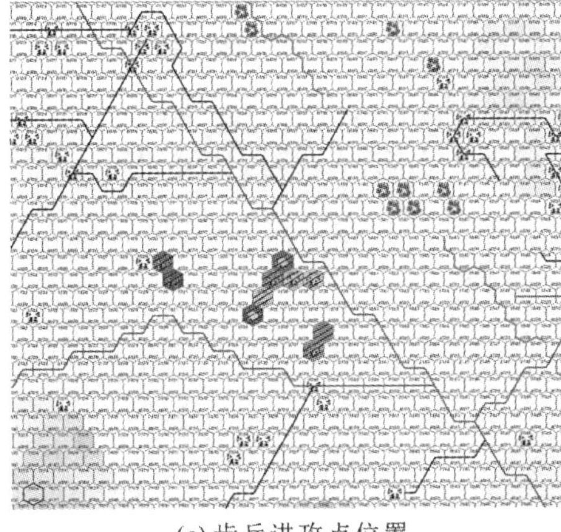

(c) 步兵进攻点位置

图 2.14　不同类型棋子的进攻点位置与专家经验位置

图 2.14(a)、(b)、(c)中使用条纹和阴影进行填充的六角格分别表示坦克、步战车和步兵的进攻点，且颜色越深，代表进攻点越好。为了更清楚地展示，只在图中显示了分值排名前 15 的坦克、步战车进攻点和排名前 10 的步兵进攻点。

假设红方作战力量包括两辆轻型装甲坦克，两辆步战车和两个步兵。根据专家经验得到的坦克、步战车和步兵最好的进攻点位置分别用菱形、矩形和六边形进行标注，如图 2.14 所示。

从图 2.14 中可以看出，使用关键点推理级联模糊系统推理出的进攻点，与专家经验得出的关键进攻位置是吻合的。为验证实验效果，本章还在另外两个地图想定上进行了模拟和仿真。其中，一个地图对应的地形起伏较小，几乎没有居民地、丛林地等特殊地貌；另一个地图对应的地形起伏很大，地形地貌特征较为复杂。通过模拟仿真，使用该推理系统推理出的进攻点中均包含了专家指定的进攻点，一定程度上说明了该级联模糊系统的泛化性和有效性。

需要注意的是，根据进攻任务中关键点推理级联模糊系统得到的进攻点是若干个参考点，在作战任务规划时，具体选择哪几个作为进攻点，与当前棋子剩余的数量、剩余的武器配备等因素有关，还要考虑棋子之间的协同和整体作战效果等，不属于本章研究的重点，此处不再赘述。

本章小结

本章基于级联模糊系统技术，研究关键点推理的级联模糊系统方案。首先，通过分析关键点推理问题的特点，以及级联模糊系统的结构和原理，设计了关键点推理级联模糊系统的构建流程。然后，以进攻任务作为研究对象，设计了进攻点推理级联模糊系统的框架和具体实现方案。最后，为了证明关键点推理级联模糊系统的有效性和可行性，在理论分析的基础上使用 Python 进行仿真，通过将级联模糊系统得到的进攻点与兵棋推演专家提供的进攻点进行比较，得到了较为满意的结果。本章提出的方法能够有效地利用专家知识推理出作战任务规划关键点的位置，为简化作战任务规划的复杂性，提升作战任务规划的效率提供了可行的实现基础。

第 3 章 结合专家知识与推演数据的关键点推理遗传模糊系统

第 2 章针对作战任务规划关键点的推理问题，提出了级联模糊系统的构建流程、框架设计和实现方法。该方法能够模仿兵棋专家在作战任务规划过程中挑选关键点的思路，利用模糊系统的级联结构对模糊的态势信息进行推理，有效提取出兵棋推演中的作战任务规划关键点。然而在该方法中，模糊系统的规则库、隶属度函数参数及推理引擎参数等均由兵棋专家根据自身的推演经验和知识直接设置，这样难免会使得模型的推理结果主观性过强，影响推理的准确性。此外，当面对更复杂的想定和态势时，专家知识通常难以获取，即使成功收集到专家经验和知识，也很难保证专家经验的完备性、准确性和充分性，从而影响模糊系统的推理效率和质量。

作战推演数据类型繁杂、质量参差不齐，且统计学习方法对于不同的作战场景、作战想定与作战单元泛化性较低，目前完全依赖于作战推演数据来提高关键点推理的准确性仍面临很大挑战。因此，亟需设计一种既能够融合领域专家知识，又能够借助数据进行学习和训练的关键点推理方法。

遗传模糊系统(Genetic Fuzzy System)[Cordón et al.，2001]作为一种软计算方法，在利用专家知识进行模糊推理的基础上，引入遗传算法(Genetic Algorithm)的搜索能力来增强学习能力，提高了推理结果的准确性和适应性。因此，将遗传模糊系统技术用于作战任务规划关键点的推理，有望将专家知识和作战推演数据相结合，使模型既能够避免完全使用专家知识或完全利用数据的弊端，又能将二者优势互补，提高关键点的推理效率，进而有效地提升作战任务规划方案的质量和可靠程度。

3.1 关键点推理遗传模糊系统框架

关键点推理遗传模糊系统的构建思路如下：从第 2 章的分析可知，为了提升作战任务规划的水平，利用模糊系统对兵棋专家的知识和经验进行建模，构建模糊系统对关键点进行推理，推理出的关键点在一定程度上为后期作战方案和行动计划的制订提供了思路和借鉴；为了增强模糊系统的学习能力和适应能力，进一步提高推理的准确性和质量，通过使用数据挖掘手段对兵棋复盘数据进行分析，获取训练样本的特征和标签，进而使用遗传算法对模糊系统的知识库(Knowledge Base)进行学习和调优；得到遗传优化的模糊系统后，可以推理出各类关键点，借助兵棋推演平台进行多次模拟和对弈，丰富复盘数据，进一步增强遗传算法对知识库的学习和优化效果，得到性能更好的关键点推理模糊系统。综上考虑，关键点推理遗传模糊系统的框架如图 3.1 所示。

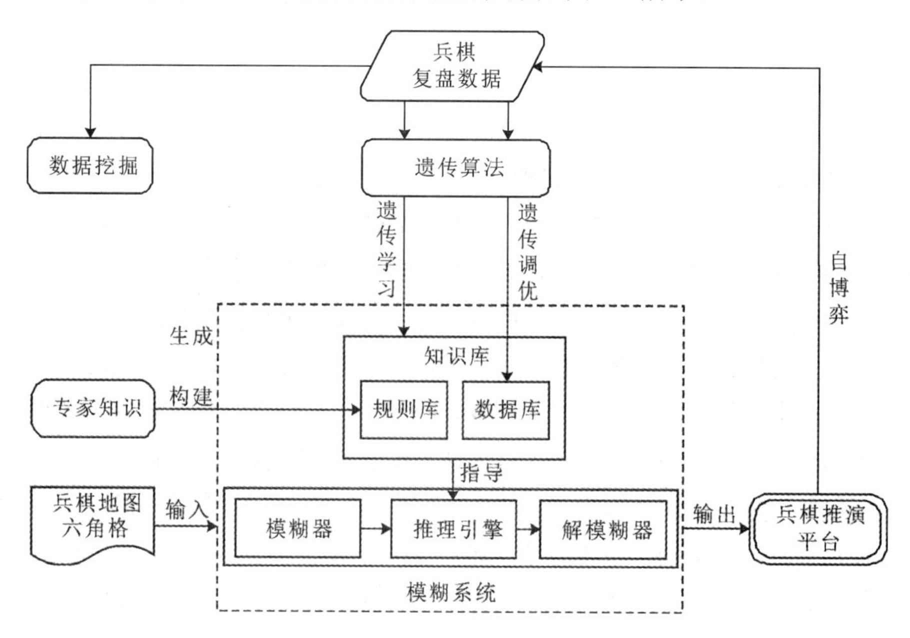

图 3.1 关键点推理遗传模糊系统的框架

使用遗传模糊系统推理作战任务规划关键点有两种思路，如图 3.1 所示，一种是遗传学习，即使用遗传算法对关键点推理模糊系统的整个知识库，包括规则库和数据库进行详细的搜索和学习，以得到最优的模糊系统结构和参数；另一种是遗传调优，即在预先给定的规则库的基础上，借助遗传算法对关键点推理模糊系统的数据库参数进行调整和优化，以得到最优的数据库参数。其中，预先给定的规则库既可以根据兵棋专家的知识和经验构建，也可以通过聚类等方式直接依据兵棋复盘数据生成。本章实现的是关键点推理模糊系统的遗传调优，即在根据专家知识构建的规则库的基础上，利用遗传算法对模糊系统数据库中的隶属度函数参数进行遗传优化。通过这种方式，专家知识和作战推演数据能够充分结合并优势互补，从而有助于提升关键点推理的效率。

无论是遗传调优还是遗传学习，都需要对兵棋复盘数据进行数据分析和处理：由于兵棋复盘数据中不存在直观的关键点数据，因此需要使用数据挖掘方法对兵棋推演中红蓝双方真正使用到的关键点的特征和标签进行提取和计算，并以此构建训练数据集和测试数据集，使遗传过程朝着提高推理准确性的方向不断进化。

为进一步完善模糊系统的调优过程，借助兵棋推演平台建立了反馈机制：使用遗传模糊系统输出的关键点辅助兵棋推演中作战计划和作战方案的制订和实施，通过不断地自我推演和对弈，丰富兵棋复盘数据。通过不断地训练和更新，提高遗传模糊系统的效率和性能。

如 2.1 节所述，在兵棋推演的作战任务规划中，关键点的种类很多，包括进攻点、安全点、侦察点、夺控点、防守点等。方便起见，本章以安全点为例，构建安全点推理遗传模糊系统并实现安全点推理模糊系统的遗传调优算法。其余关键点的推理方法与之类似。

3.2 安全点推理遗传模糊系统的设计

定义 3.1(安全点)：安全点的定义如下式所示：

$$kp_s = \{\langle p, s(p), B, m \rangle \mid p \in M, m = \text{safe}\} \tag{3.1}$$

其中，kp_s 表示安全点，其余符号的含义与定义 2.1 一致。

对安全点进行推理是很有必要的。首先，在进行作战任务规划时，将安全点作为机动的中转点、射击后的隐藏点和棋子的停留点等，能大大提高我方棋子的安全程度，避免棋子被动挨打，造成不必要的损伤；其次，在对其他关键点，如进攻点、防守点、侦察点等进行预测和推理时，安全程度也都是要考虑的指标之一，因此提前做好安全点的推理，可以为日后其他关键点的预测和选择做好铺垫；考虑到敌方很有可能在他们认为比较安全的位置进行布兵和驻守，因此按照推理出安全点的方法同样能够预测出敌方进行驻守的位置，从而能够在一定程度上预测敌方动态，进而辅助我方作战计划的调整，提高打击效率和精度。所以，设计安全点推理遗传模糊系统对安全点的位置进行推理是有价值的。不失一般性，令我方为红方，敌方为蓝方，研究对红方安全点进行推理的遗传模糊系统框架和方案。

根据兵棋推演专家的经验，安全点通常是由于具有特殊地形或地貌特征从而不易被蓝方棋子通视或观察的六角格。其中，地形与地貌与 2.4.1 节中蓝方防守位置模糊系统中的地形和地貌输入相同：地形指六角格在面向蓝方方向相邻 4 个六角格中高地、居民地或丛林地的数目总和，取值范围为{0,1,2,3,4}；地貌指六角格本身是否为居民地或丛林地地貌，取值范围为{0,1}。因此，使用地形和地貌两个特征作为模糊系统的输入，将六角格被挑选为安全点的可能性作为输出。安全点推理遗传模糊系统要解决的问题是，在专家给定规则库的基础上，通过合理挖掘出复盘数据中样本安全点的地形和地貌特征，以及安全程度标签，对模糊系统中两个输入模糊变量和一个输出模糊变量的隶属度函数参数进行遗传优化。

如图 3.2 所示，对安全点推理遗传模糊系统的设计共分为以下两部分：一是复盘数据挖掘，通过数据挖掘手段对兵棋复盘数据进行分析，构建安全点数据集，为遗传算法提供训练样本，以及对应的特征和标签；二是遗传优化，在确定模糊系统的规则库和每个模糊变量隶属度个数的基础上，通过对隶属度函数参数进行编码、设计适应度函数，并进行选择、交叉、变异的遗传操作，使种群向着目标方向不断进化，逐代演化出越来越好的解，最终得到安全点推理模糊系统的隶属度函数参数最优解。

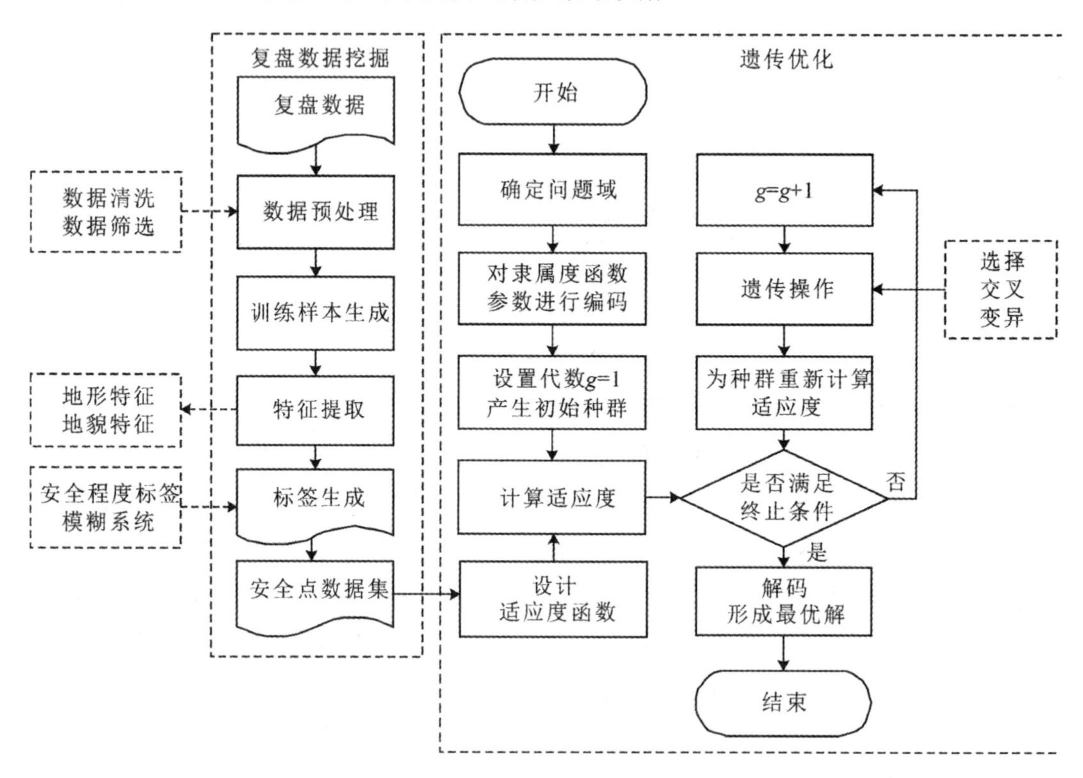

图 3.2 安全点推理遗传模糊系统设计流程

3.2.1 复盘数据挖掘

为了从兵棋推演复盘数据中提取出指挥员在进行作战任务规划时真正使用到的安全点，本小节对收集到的一个固定地图上一个特定想定下的 953 盘人工对战的复盘数据进行了数据挖掘。复盘数据挖掘的步骤如下。

步骤 1(数据预处理)：对复盘数据进行数据预处理，以得到正确的、完整的、高质量的复盘数据。

步骤 2(训练样本生成)：利用复盘数据信息选择地图中的一部分六角格构成安全点数据集中的样本点。

步骤 3(特征提取)：对安全点数据集中样本点的地形和地貌特征进行统计。

步骤 4(标签生成)：针对安全数据集中的样本点计算安全程度标签，完成安全点数据集的构建。

1. 数据预处理

收集到的兵棋复盘数据包含了射击裁决信息，夺控点占领信息，比赛起始状态、结束状态信息等近 25 万条的棋子动作日志信息。由于复盘数据信息繁杂、数据量大且缺乏条理，因此，首先对复盘数据进行预处理。

1) 数据清洗

通过对复盘数据的分析和整理，发现数据中存在着一些错误信息，包括与附录 I 所述的兵棋规则相悖的数据信息，如在同一阶段机动后还有射击数据的步战车日志信息、在同一阶段射击好几次的坦克日志信息等；还包括行为数据与地图信息不符的数据信息，如地图上两个六角格不能互相通视，但是在复盘数据中，位于其上的两个棋子存在射击日志数据等。此外，复盘数据中还存在着较多的残缺信息。采用对错误的日志信息进行删除、对残缺信息使用同类均值插补进行补全的方式，得到了正确的、完整的复盘数据。

2) 数据筛选

通过对复盘数据的具体分析发现，一些复盘数据质量很差，如有些比赛是一方的练习数据，只有一方在走棋，另一方一直未走棋；有些比赛为初学者的推演数据，推演双方在前几个阶段没有走棋。上述低质量的比赛数据会影响安全点的提取和标签的计算，进而给遗传优化的结果带来偏差。使用下述方法对低质量数据进行过滤。

首先，根据推演阶段进行数据筛选：由推演规则可知，红、蓝双方各有 10 个阶段可以进行机动和主动进攻。因此，通过过滤掉初始 4 个阶段没有走棋的比赛及红、蓝双方各少于 7 个阶段的比赛数据，从而删除掉质量较低的比赛数据。通过筛选，过滤掉了 253 场低质量的比赛。

其次，根据双方胜负情况进行数据筛选：为了筛选出质量较高的、交战较为激烈的比赛，删除红、蓝双方歼灭对方兵力分数小于 20 的比赛，以保证筛选后的比赛双方交战激烈且胜负明显。通过筛选，删除了 57 场比赛。

最后，经过数据清洗和筛选，得到了高质量的 605 盘复盘数据。

2. 训练样本生成

在上述 605 盘复盘数据中，包含了两大类推演数据，一类是蓝方初始位置在左、红方初始位置在右的推演复盘数据；另一类是红蓝双方互换位置，也就是蓝方初始位置在右、红方初始位置在左的复盘数据。本小节选择了红方初始位置在右的推演复盘数据。为了能够对复盘数据中红方的安全点进行提取，首先对红方在地图上机动过的位置进行统计，如图 3.3 所示。

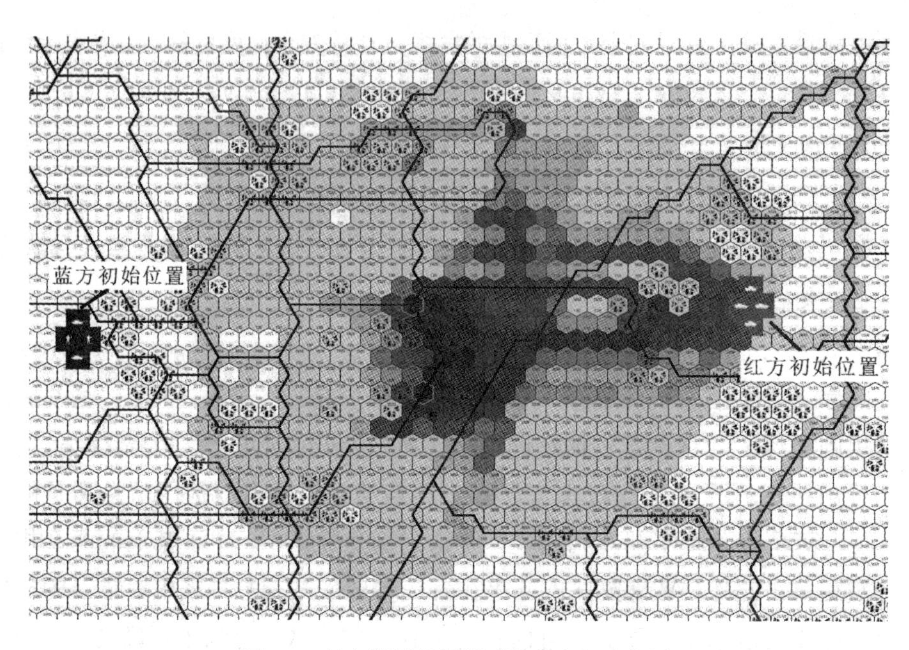

图 3.3　复盘数据挖掘得到的红方机动位置

图中分别标注了红方的初始位置和蓝方的初始位置，被深色填充的六角格为红方在复盘数据中机动过的位置，一个六角格被红方棋子机动过的次数越多，该六角格的颜色越深。

考虑到在推演刚开始时，红、蓝双方均在各自出发点附近向夺控点移动，双方距离较远且互不通视，所以红方在选择机动位置的时候考虑安全因素较少，更多地考虑路程和机动力消耗等因素，若将红方出发点附近的六角格纳入安全点数据集，则会给安全点数据集的准确性带来一定的影响。基于以上原因，本小节选择比赛中考虑安全因素较多的交战区域，也就是被射击次数大于 5 次的红方历史机动位置作为安全点数据集中的样本点。通过对红方棋子被射击时所在六角格位置的统计，得到了由 72 个六角格组成的安全点数据集，如图 3.4 所示。

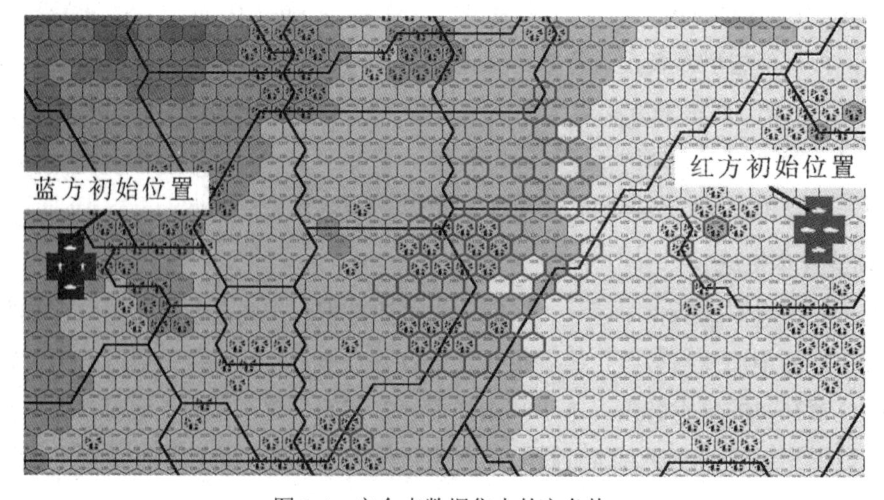

图 3.4　安全点数据集中的六角格

3. 特征提取

得到安全点数据集中的样本点后，需要对样本点的地形特征值、地貌特征值进行计算。根据上文对地形和地貌的定义，直接根据地图信息就可以对每一个六角格的地形和地貌特征值进行统计。

4. 标签生成

由于在复盘数据中并没有与安全程度直接对应的数据，因此需要根据复盘数据中的信息，对影响六角格安全程度的特征进行提取，进而根据提取的特征对安全点数据集中的样本点的安全程度标签进行计算。

1) 特征提取

通过对复盘数据的汇总和分析，发现有三种行为能够在一定程度上反映一个六角格的安全程度：一是射击行为，红方棋子在一个六角格上被蓝方射击的次数越多、被蓝方射击后损失的分数越多，说明该六角格对于红方棋子越不安全；二是机动行为，红方将一个六角格作为机动点的次数越多，一定程度上说明该位置越不容易被蓝方通视，因此也就越安全；三是通视行为，在比赛中，红方棋子机动到一个六角格时，被蓝方越多的棋子通视，说明该位置会被蓝方从越多的方向射击，因此越不安全。

综上所述，行为数据包括红方棋子在一个六角格上的被射击次数、被射击后的损失分数、机动次数和被通视的次数。

(1) 被射击次数。

从附录 I 中对射击规则的介绍可知，射击的类型包括机会射击、掩护射击、行进间射击、最终射击及同格交战射击。其中，根据同格交战规则，同格交战射击只与进入同一六角格的红、蓝双方的棋子类型、武器和所剩弹药数有关，与本小节所要分析的地形、地貌特征无关。因此，将同格交战射击排除在外，只统计六角格上红方棋子被蓝方实施其余四类射击的被射击次数。

(2) 被射击后的损失分数。

在复盘数据的裁决信息表中，可以直接读取每次红方棋子被蓝方射击后的裁决分数，将红方棋子在相同六角格上每次被射击后的裁决分数进行累加，即可得出一个六角格被射击后的损失分数。

(3) 机动次数。

定义 3.2(机动中转位置)：在兵棋推演中，棋子在机动过程中经过一个六角格，并继续向前机动，则称该位置为机动中转位置。

定义 3.3(机动停留位置)：在兵棋推演中，棋子在机动过程中经过某个六角格，且该六角格为本阶段棋子的最后一个机动位置，那么该六角格称为机动停留位置。

一个六角格上的红方棋子机动次数包括机动中转次数和机动停留次数两类。由附录 I 介绍的推演规则可知，如果红方棋子要选择一个六角格作为机动停留位置，由于在接下来的蓝方阶段中，该位置上的红方棋子没有办法进行机动，因此推演过程中，红方会尽可能地选择安全程度很高的位置作为机动停留位置，以避免在接下来的蓝方阶段中，该位置上的红方棋子被动地被蓝方棋子射击但无法躲避。由于机动停留位置相比机动中转位置更加安全，因此对六角格的两类机动次数进行分别统计。

(4) 被通视的次数。

通过统计复盘数据中红方棋子机动到某个六角格时，能够通视该六角格的蓝方棋子的数量并进行累加，来度量每个六角格上红方棋子的被通视次数。在这里需要注意的是，由于通视情况判断较为复杂，因此对整个地图中每个红方机动过的位置均进行通视判断将会大大增加算法的运行时间。为了提高计算效率，减少运算时间，在计算被通视次数前生成了整个地图的通视矩阵 $\boldsymbol{S}$。其中，矩阵中的元素 S_{ij} 表示编号为 i 的六角格与编号为 j 的六角格是否通视：若通视，则 $S_{ij}=1$，反之 $S_{ij}=0$。因为所使用的地图大小为 66 × 51，所以该通视表共有 6651 行、6651 列，分别对应地图上每个六角格的四位数坐标(0001～6651)。生成通视矩阵 $\boldsymbol{S}$ 后，在计算被通视次数时，通过直接按照六角格的编号从通视矩阵 $\boldsymbol{S}$ 中取值，能够大大缩短算法的运行时间。

需要注意的是，对于上文分析出的四项行为数据，单独用每一项数据来衡量一个六角格的安全程度是没有意义的。例如，红方棋子在一个六角格上被射击次数很多，并不能单纯地认为该六角格很不安全，因为可能红方棋子在该六角格上机动的次数本来就很多，从而导致被射击次数也相对较多。因此，需要对上述四项行为数据进行综合分析。为此，本小节对上述四项行为数据进行了二次处理，提取出了三项特征。

(1) 被射击率。

被射击率衡量的是一个六角格上红方棋子被蓝方射击的次数与红方棋子在该六角格上机动次数的比值。被射击率使用如下公式计算：

$$P_{\text{shot}}=\frac{n_{\text{shot}}}{w_{\text{stay}}\cdot n_{\text{stay}}+n_{\text{pass}}} \tag{3.2}$$

其中，P_{shot} 表示被射击率，n_{shot}、n_{stay} 和 n_{pass} 分别表示红方棋子在一个六角格上被射击的次数、机动停留的次数和机动中转的次数；w_{stay} 为机动停留次数的权重。考虑到机动次数中的机动停留次数比机动中转次数更能反映出一个位置的安全程度，w_{stay} 应该为一个大于 1 的值，本小节使用下式计算：

$$w_{\text{stay}}=\frac{N_{\text{pass}}}{N_{\text{stay}}} \tag{3.3}$$

其中，N_{pass} 表示所有六角格机动中转次数的总和，N_{pass} 表示所有六角格机动停留次数的总和。

考虑到复盘数据中某些六角格的被射击次数 n_{shot} 可能等于 0，因此将 n_{shot} 加上 1 作为分子计算被射击率，可以避免过多的 0 数据，同时分母相应加$(w_{stay} \cdot n_{stay} + n_{pass})/n_{shot}$ 以保证射击率的无偏性，因此将式(3.2)改进如下：

$$P_{shot} = \frac{1+n_{shot}}{w_{stay} \cdot n_{stay} + n_{pass} + \dfrac{w_{stay} \cdot n_{stay} + n_{pass}}{n_{shot}}} \tag{3.4}$$

(2) 被通视率。

被通视率指六角格上红方棋子被蓝方棋子通视的次数与红方棋子在该六角格上机动次数的比值，计算公式如下：

$$P_{seen} = \frac{1+n_{seen}}{w_{stay} \cdot n_{stay} + n_{pass} + \dfrac{w_{stay} \cdot n_{stay} + n_{pass}}{n_{seen}}} \tag{3.5}$$

其中，P_{seen} 表示被通视率；n_{seen} 表示六角格上红方棋子被通视的次数。

(3) 平均射击损伤。

平均射击损伤表示六角格上红方棋子平均每次被蓝方棋子射击后的损失分数。平均射击损伤使用如下公式表示：

$$\bar{d} = \frac{s_{shot}}{n_{shot}} \tag{3.6}$$

其中，$\bar{d}$ 表示平均射击损伤；s_{shot} 指六角格上的红方棋子被蓝方射击后的损失总分；n_{shot} 表示红方棋子在该六角格上被蓝方棋子射击的次数。

利用式(3.4)、式(3.5)和式(3.6)计算安全点数据集中每个样本六角格的被射击率、被通视率和平均射击损伤，得到的 72 个六角格的三项特征如图 3.5(a)、(b)、(c)所示，(d)为经过蒙特卡洛模拟后六角格的平均射击损伤。

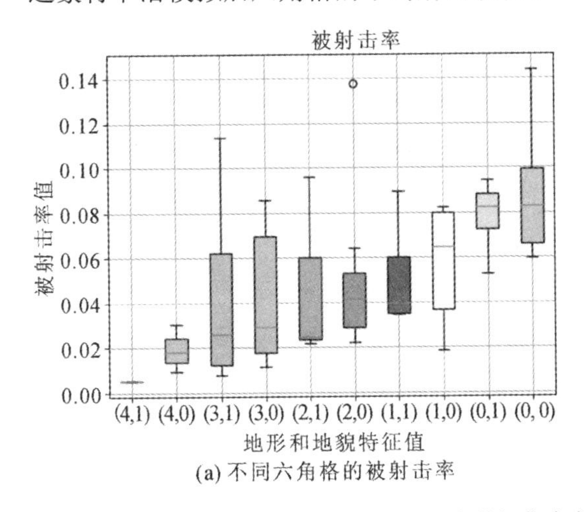

(a) 不同六角格的被射击率

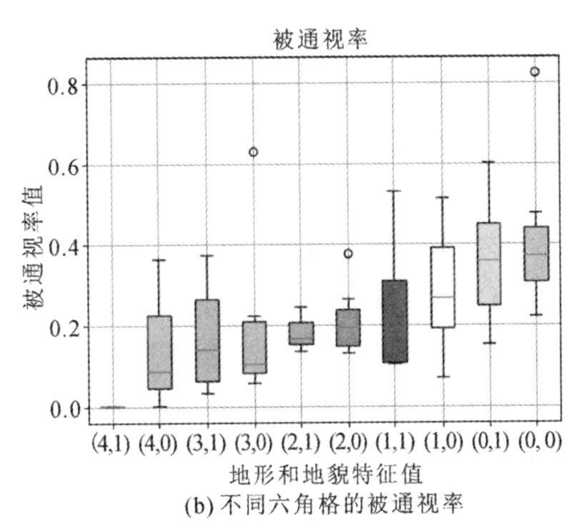

(b) 不同六角格的被通视率

图 3.5　安全点数据集中六角格的三项特征值盒图

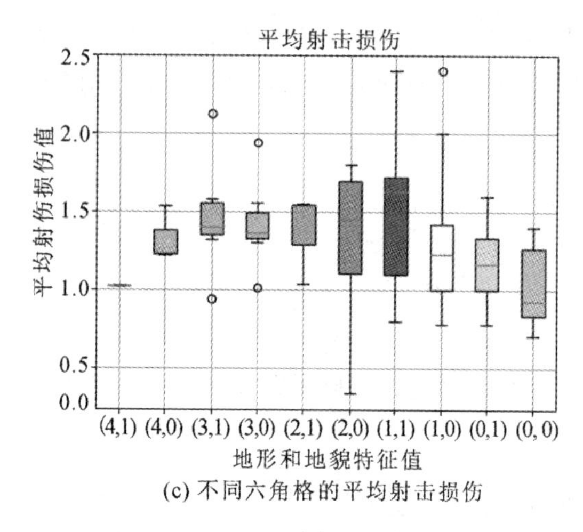

(c) 不同六角格的平均射击损伤

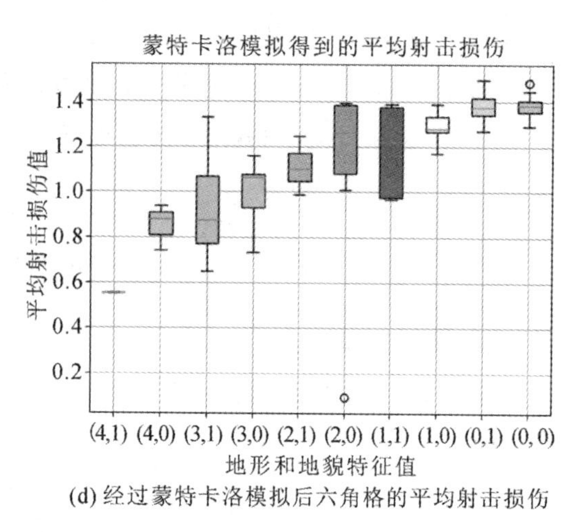

(d) 经过蒙特卡洛模拟后六角格的平均射击损伤

图 3.5　安全点数据集中六角格的三项特征值盒图(续)

其中，横坐标表示地形特征值和地貌特征值二元组。从图 3.5(a)、(b)可以看出，除去一些异常点，从大致趋势上来看，一个六角格的地形和地貌特征值越大，该六角格的被射击率和被通视率就越低。但是，平均射击损伤并不符合这一常识性规律，从图 3.5(c)中可以看出，六角格的平均射击损伤不符合地形和地貌特征值越大，平均射击损伤越小的规律，且六角格的平均射击损伤与地形和地貌值并没有明确的关系。深入分析发现，造成这一结果的原因是复盘数据中的数据量不够：其中一个地形值为 3，地貌值为 1 的六角格，平均射击损伤较大的原因是在该六角格上红方棋子只被蓝方棋子射击了一次。不同六角格上红方棋子被射击次数的不均匀使得平均射击损伤没有办法反应一个六角格被射击后的平均损失分数。为了弥补复盘数据中不同六角格被射击次数不均匀导致的平均射击损伤值的偏差，采用蒙特卡洛模拟对上述 72 个样本六角格的平均射击损伤值进行模拟。

由于平均射击损伤度量的是红方棋子在一个六角格上平均每次被射击后损失的分数，因此对每一个样本六角格，随机指定该六角格上的红方棋子类型，同时随机指定蓝方射击棋子的类型，并在可以通视该红方棋子的范围内随机选择蓝方射击棋子所在的射击位置，通过让蓝方棋子使用最好的武器对红方棋子进行射击，来统计六角格上红方棋子被射击后的损失分数。如此反复 100 000 次，得到每一个样本六角格的平均射击损伤值。

经过蒙特卡洛模拟，得到的六角格的平均射击损伤如图 3.5(d)所示。从图中可以看出，从大体程度上来看，一个六角格的地形、地貌特征值越大，该六角格的平均射击损伤值也相对越大。

综上，得到了能够度量一个六角格安全程度值的三项特征：被射击率、被通视率和平均射击损伤，并对安全点数据集中的每个样本六角格的上述特征值进行了统计和计算。

2) 安全程度标签计算

得到与六角格安全程度相关的三项特征后，需要对这三项指标进行综合以得到六角格的安全程度标签值。考虑到六角格的三项特征影响其安全程度的模糊性和不确定性，设计了额外的安全程度标签模糊系统对六角格的安全程度标签进行计算。该模糊系统的输入为射击率、通视率和平均射击损伤，输出为安全程度标签。该模糊系统如表 3.1 所示。

表 3.1　全程度标签模糊系统

模糊变量		隶属度函数个数	模糊变量取值
输入	射击率	4	低、偏低、偏高、高
	通视率	3	低、中、高
	平均射击损伤	3	低、中、高
输出	安全程度标签	5	低、偏低、中、偏高、高

通过安全程度标签模糊系统，给定一个六角格的射击率、通视率及平均射击损伤值，就能够输出对应的安全程度标签值。经过计算，各个样本六角格的安全程度标签值如图 3.6 所示。其中，使用阴影填充的六角格为安全点数据集中的样本六角格，填充的颜色越深，代表该位置的安全程度标签值越大。

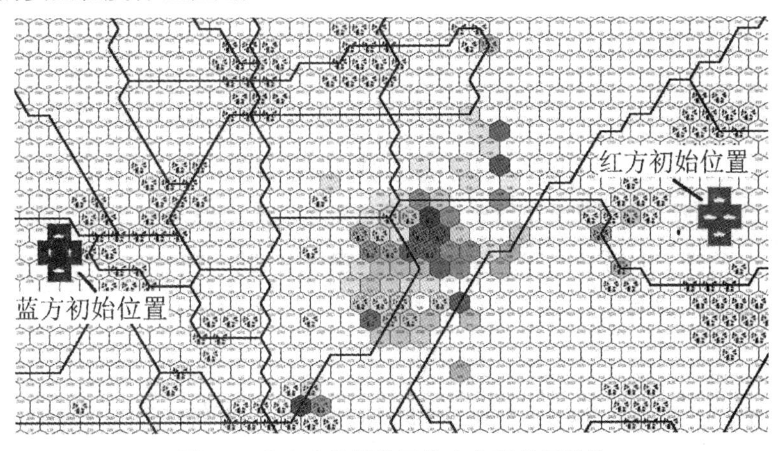

图 3.6　安全点数据集及其安全程度标签值

综上所述，通过数据预处理、训练样本生成、数据提取与计算和标签生成，得到了完整的安全点数据集。该数据集有 4 个属性列：六角格编号、六角格地形特征值、六角格地貌特征值和六角格的安全程度标签值。按照 5:1 的比例随机划分训练集和测试集。

3.2.2　遗传优化

如图 3.2 所示，遗传优化部分的主要工作是在基于专家知识构建的规则库的基础上，设计遗传算法对安全点推理模糊系统的隶属度函数参数进行遗传调优，以提高模糊系统的推理准确性。下面，对遗传优化部分中的确定问题域、编码、产生初始种群、设计适应度函数、遗传操作及解码六个部分的设计进行详细介绍。

1. 确定问题域

设计安全点推理模糊系统的遗传算法来得到系统隶属度函数参数的最优解，首先要确定问题域，即确定模糊系统的模糊变量、模糊分区并初始化规则库。根据 3.1 节对安全点推理遗传模糊系统的设计可知，该模糊系统共有三个变量：输入变量“地形”和“地貌”，以及输出变量“安全点可能性”。根据专家经验，待优化的安全点推理模糊系统的模糊变量如表 3.2 所示。

表 3.2　安全点推理模糊系统变量及其特性

模糊变量	论域	隶属度	隶属度函数形状
地形	{0，1，2，3，4}	很低、低、中、高、很高	三角模糊数
地貌	{0, 1}	低、高	
安全点可能性	[0, 1]	很低、低、中、高	

从表 3.2 可以看出，为了方便量化，减小计算量，隶属度函数统一使用三角模糊数。模糊系统的规则库根据专家知识和经验构建，如表 3.3 所示。

表 3.3　安全点推理模糊系统规则库

六角格是安全点的可能性		地形对安全点的影响程度				
		很低	低	中	高	很高
地貌对安全点的影响程度	低	很低	很低	低	中	中
	高	低	低	中	高	高

因此，安全点推理遗传模糊系统中遗传算法要优化的问题是：在给定表 3.3 所示的规则库的基础上，对表 3.2 所示的三个模糊变量的隶属度函数参数进行搜索、调优，以得到最优的隶属度函数参数列表。

2. 编码

确定问题域后，需要对模糊系统中模糊变量的隶属度函数参数进行编码。本小节采用实值编码的编码方式。考虑到该模糊系统共有三个模糊变量，因此将个体分为三个染色体，每个染色体对应一个模糊变量，染色体中的基因对应模糊变量的隶属度函数参数。此外，由于“地形”和“地貌”为离散型变量，“安全点可能性”为连续型变量，因此，将编码方式分为离散型变量的编码方式和连续型变量的编码方式两类进行分别讨论。

在这里需要注意的是，遗传模糊系统中隶属度函数参数编码方式的确定需要遵循以下两个原则：一是编码后的个体能够经过尽量简单的变换直接将基因解码成变量的隶属度函数参数；二是进行交叉和变异操作后的个体中的基因仍能通过较为方便的调整和变换，构成三个变量的隶属度函数参数。

1) 离散型变量的编码方式

对于离散型变量 X，每个离散取值 x 的三角模糊数可以用二元组 (a_0, a_1) 表示，分别代

表三角模糊数的左端点和右端点，其中 $a_0 \leqslant x \leqslant a_1$。因为“地形”模糊变量共有 5 个离散取值，“地貌”模糊变量有 2 个离散取值，所以待优化的“地形”和“地貌”变量的染色体长度分别为 $5 \times 2 = 10$ 和 $2 \times 2 = 4$。

为减小待优化的染色体长度，根据专家经验固定每个模糊变量最小隶属度函数和最大隶属度函数的三角模糊数为直角三角形，如图 3.7(a)中的最左侧“很低”和最右侧“很高”的三角形。“地形”和“地貌”模糊变量的隶属度函数参数设置如图 3.7 所示。其中，“地形”变量中“很低”的隶属度函数参数为$(0, a_0)$，“很高”的隶属度函数参数为$(a_7, 4)$；“地貌”变量中“低”的隶属度函数参数为$(0, b_0)$，“高”的隶属度函数参数为$(b_1, 1)$。因此，两个输入变量的染色体长度分别缩短为 $10 - 2 = 8$ 和 $4 - 2 = 2$。

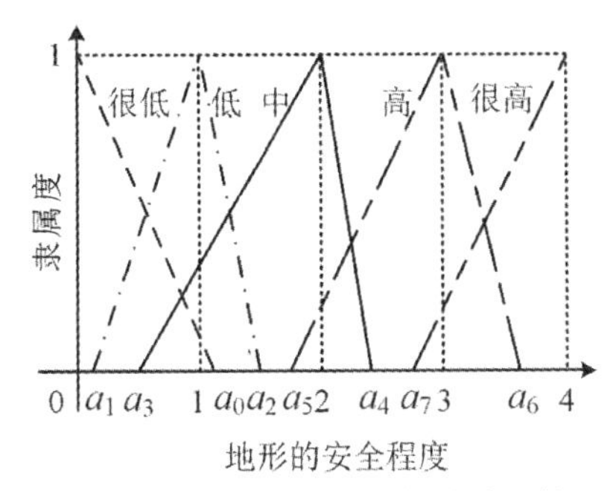

(a) 安全点推理模糊系统中地形的隶属度函数

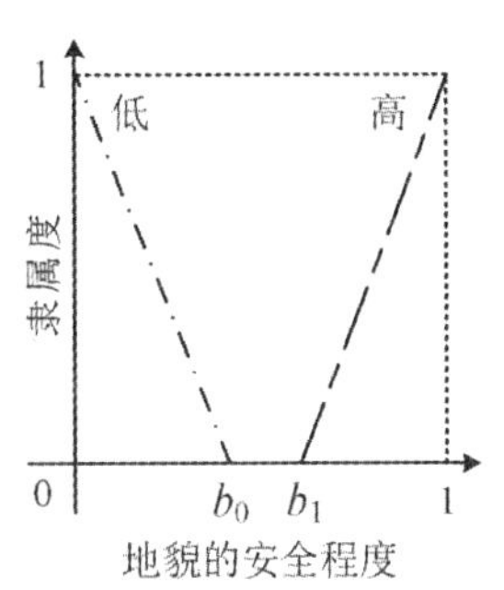

(b) 安全点推理模糊系统中地貌的隶属度函数

图 3.7　固定四位参数的隶属度函数示例

对于离散型变量来说，每个隶属度函数的参数都有明确的取值范围，例如，图 3.7(a)中所示的“地形”模糊变量的隶属度函数参数需要满足下式：

$$
\begin{cases}
0 \leqslant a_0 \leqslant 4 \\
0 \leqslant a_1 \leqslant 1 \\
1 \leqslant a_2 \leqslant 4 \\
0 \leqslant a_3 \leqslant 2 \\
2 \leqslant a_4 \leqslant 4 \\
0 \leqslant a_5 \leqslant 3 \\
3 \leqslant a_6 \leqslant 4 \\
0 \leqslant a_7 \leqslant 4
\end{cases}
\tag{3.7}
$$

此外，对于离散型变量，不同隶属度函数的左右端点值之间也需要满足一定的大小关系。对于图 3.7(a)所示的“地形”模糊变量的 8 位隶属度函数参数，需要满足下式：

$$
\begin{cases}
a_1 \leqslant a_3 \leqslant a_5 \leqslant a_7 \\
a_0 \leqslant a_2 \leqslant a_4 \leqslant a_6
\end{cases}
\tag{3.8}
$$

结合式(3.7)和式(3.8)可知，参数 a_0、a_2、a_4、a_6 的取值区间范围依次减小且大小顺序递增；a_1、a_3、a_5、a_7 的取值区间范围也依次减小且大小顺序递增，因此采用如下 8 位基因串来对“地形”的隶属度函数参数进行编码：a_0、a_2、a_4、a_6、a_1、a_3、a_5、a_7。

针对“地貌”输入，由于本身只有两个隶属度函数，且分别固定了一位参数，因此“地貌”变量的两位隶属度函数参数b_0、b_1不存在大小关系的约束，进行顺序编码即可，即采用如下两位基因串来对“地貌”的隶属度函数参数进行编码：b_0、b_1。

2) 连续型变量的编码方式

对于连续型变量 Y，三角模糊数可以使用三元组(c_0,c_1,c_2)表示，分别代表三角模糊数的左端点、中心点和右端点，其中$c_0 \leqslant c_1 \leqslant c_2$。与离散型变量相同，通过固定最小和最大隶属度函数的三角模糊数形状，待优化的“安全点可能性”变量的染色体长度为$1+3\times 2+1=8$位，如图 3.8 所示。

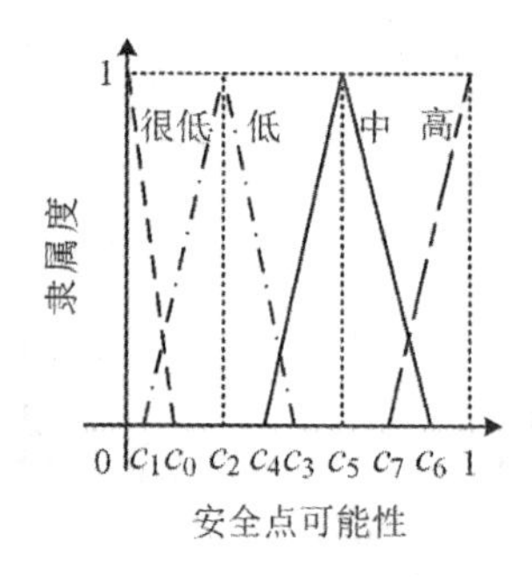

图 3.8 安全点推理模糊系统中输出变量的隶属度函数参数

针对连续型变量的隶属度函数参数，不同的隶属度函数参数有着比离散型隶属度函数参数更复杂的大小关系，图 3.8 所示的 8 个参数之间需要满足下式：

$$\begin{cases} 0 \leqslant c_1 < c_0,\ c_4 < c_3,\ c_7 < c_6 \leqslant 1 \\ c_1 \leqslant c_2 \leqslant c_3,\ c_4 \leqslant c_5 \leqslant c_6 \\ c_1 \leqslant c_4 \leqslant c_7,\ c_0 \leqslant c_3 \leqslant c_6,\ c_2 < c_5 \end{cases} \tag{3.9}$$

为了尽可能扩大搜索空间，保证隶属度函数参数在满足式(3.9)所示大小关系的前提下进行广泛的搜索，采用如下 8 位基因串来对“安全点可能性”的隶属度函数参数进行编码：$c_1,c_2,c_5,c_6,\gamma_0,\gamma_3,\gamma_4,\gamma_7$。其中，$c_1$、$c_2$、$c_5$、$c_6$为图 3.8 中对应的参数，$\gamma_0$、$\gamma_3$、$\gamma_4$、$\gamma_7$为参数$c_0$、$c_3$、$c_4$、$c_7$在各自取值范围内的系数，取值均为[0,1]。例如根据式(3.9)，在已知c_1、c_2、c_5、c_6的条件下，c_0的取值范围是$[c_1,c_6]$，此时$\gamma_0=(c_0-c_1)/(c_6-c_1)$。

综上，通过编码，待优化的染色体的位数共为$8+2+8=18$位。其中，前八位为“地形”变量的隶属度函数参数，中间两位为“地貌”变量的隶属度函数参数，最后八位为“安全点可能性”变量的隶属度函数参数。

3. 产生初始种群

由编码方式可知，三个模糊变量依次在各自论域范围内产生长度为 8、2、8 的随机参数列表，作为各自的染色体初始基因串。这三个模糊变量的染色体依次连接，就可以得到长度为 18 的基因串，作为个体的一个表示。重复该过程 N 次，就能够得到规模大小为 N 的初始种群。

4. 设计适应度函数

为了使模糊系统的隶属度函数参数朝着使系统推理准确度增大的方向不断进化，需要设置合适的适应度函数。本小节将系统针对安全点数据集中每个样本六角格输出的安全点可能性值与每个样本六角格各自的安全程度标签值的均方差倒数作为适应度函数，通过向适应度函数增大的方向进化，使得系统的推理结果不断趋近于真实的标签结果，从而得到优隶属度函数参数的最优解。具体来讲，适应度公式如下：

$$f_s = \frac{1}{\sqrt{\dfrac{\sum_{i=1}^{n}(o^i - l^i)^2}{n}}} \tag{3.10}$$

其中，f_s 代表安全点推理遗传模糊系统的适应度函数；i 指第 i 个安全点；o^i 为将第 i 个安全点的地形、地貌值输入模糊系统得到的输出；l^i 指第 i 个安全点的安全程度标签；n 为安全点数据集中样本六角格的个数。

在这里，将均方差取倒数作为适应度函数的原因是，模糊系统的输出与标签的取值范围均为[0,1]，因此二者的均方差值很小，如果将均方差作为适应度函数，那么适应度的变化值很小，不利于遗传算法的进化。

5. 遗传操作

遗传操作包括选择操作、交叉操作及变异操作。

1) 选择操作

采用随机联赛选择方法进行选择操作，每次随机从种群中抽取 3 个个体，将其中最好的个体放入池中；如此反复 M 次得到选择后的规模为 M 的种群。

为了使种群中最好的个体结构和参数不被交叉、变异操作破坏，在交叉变异前保留种群中适应度值最大的一个精英个体，然后在交叉和变异操作后，用这个精英个体替换掉种群中适应度最小的个体。

2) 交叉操作

采用单点交叉的方式。考虑到不同染色体所代表的模糊变量的论域不同，因此在进行交叉操作的过程中，只允许基因在各个染色体内部进行交叉。

3) 变异操作

采用高斯变异的方式。在变异的过程中，考虑到不同染色体的论域和编码方式不同，因此需要分开考虑：对于离散型变量“地形”的变异方式，考虑到该变量对应染色体的 8 位基因依次为隶属度函数参数 a_0、a_2、a_4、a_6、a_1、a_3、a_5、a_7，因此，根据式(3.7)，不同的参数在各自取值范围内变异，以参数 a_0 的变异为例，由式(3.7)可知 $0<a_0\leqslant 4$，因此 a_0 在(0,4]内进行高斯变异；同理，“地貌”变量代表的染色体中的两个隶属度函数参数在论域(0,1)内变异；对于连续型变量“安全点可能性”的变异方式，考虑到对应染色体中的 8 位基因依次为参数 c_1、c_2、c_5、c_6、γ_0、γ_3、γ_4、γ_7，其中，前四位参数的论域和后四位参数的论域均为(0,1)，因此，这 8 个参数均在论域(0,1)范围内进行高斯变异。

为了使不同模糊变量的参数均可以执行有效的变异，本小节针对模糊变量的论域对高斯变异的参数进行了具体设置，具体参数如表 3.4 所示。

表 3.4 安全点推理遗传模糊系统中的变异参数

模糊变量	高斯变异参数
地形	$\mu=0$；$\sigma=0.24$
地貌	$\mu=0$；$\sigma=0.06$
安全点可能性	$\mu=0$；$\sigma=0.06$

遗传算法的其他运行参数如表 3.5 所示。

表 3.5 安全点推理遗传模糊系统中遗传算法的其他运行参数

参数变量	值
种群规模	100
遗传代数	150
交叉率	0.8
变异率	0.3

6. 解码

在评价种群中的个体时，需要对个体进行解码操作以得到对应的隶属度函数参数列表，进而利用这些参数来构造模糊系统，并计算模糊系统的输出值与标签值的误差。

对个体中离散型变量“地形”对应的染色体进行解码时，由于交叉和变异可能改变了式(3.8)中各个参数所要满足的大小关系，因此使用式(3.11)对各个隶属度函数参数 $a_0\sim a_7$ 进行解码，得到的 $d_0\sim d_7$ 即为地形模糊变量的隶属度函数参数，其中，sort 代表升序排序。

$$\begin{cases} d_0,d_2,d_4,d_6=\text{sort}(a_0,a_2,a_4,a_6) \\ d_1,d_3,d_5,d_7=\text{sort}(a_1,a_3,a_5,a_7) \end{cases} \tag{3.11}$$

如式(3.11)所示，通过对染色体中前四位基因 a_0、a_2、a_4、a_6 进行升序排列并分别赋值给 d_0、d_2、d_4、d_6，既能保证各个参数仍然符合各自的取值范围，也能保证四位参数的大小关系。a_1、a_3、a_5、a_7 的解码方式同理。

对离散型变量“地貌”对应的染色体进行解码时，由于染色体中的两位参数没有大小关系，因此进行顺序解码即可。

对连续型变量“安全点可能性”对应的染色体进行解码时，根据式(3.9)的大小关系，首先对前四位参数 c_1、c_2、c_5、c_6 进行升序排序，然后依次赋值给 f_1、f_2、f_5、f_6；对于后四位，同样根据式(3.9)，在确定 f_1、f_2、f_5、f_6 的值后，剩余的 f_0、f_3、f_4、f_7 取值区间如下：

$$\begin{cases} f_1 < f_0 \leqslant f_6 \\ f_0 \leqslant f_3 \leqslant f_6,\ f_2 \leqslant f_3 \leqslant f_6 \\ f_1 \leqslant f_4 \leqslant f_3,\ f_1 \leqslant f_4 \leqslant f_5 \\ f_4 \leqslant f_7 < f_6 \end{cases} \tag{3.12}$$

因此，使用式(3.13)对“安全点可能性”变量的染色体进行解码，得到的 f_0～f_7 即为“安全点可能性”的隶属度函数参数。

$$\begin{cases} f_1, f_2, f_5, f_6 = \operatorname{sort}(c_1, c_2, c_5, c_6) \\ f_0 = f_1 + \gamma_0 (f_6 - f_1) \\ f_3 = \max(f_0, f_2) + \gamma_3 (f_6 - \max(f_0, f_2)) \\ f_4 = f_1 + \gamma_4 (\min(f_3, f_5) - f_1) \\ f_7 = f_4 + \gamma_7 (f_6 - f_4) \end{cases} \tag{3.13}$$

3.3 安全点推理遗传模糊系统的实现

在训练集上，将训练集中每个样本六角格的地形、地貌值与安全程度标签值代入式(3.10)所示的适应度函数，使模糊系统朝着推理结果与标签结果的均方误差减小的方向不断进化。进化 150 代后，得到的最优解如表 3.6 所示。

表 3.6　遗传优化后的安全点推理模糊系统隶属度函数参数

地　形		地　貌		安全点可能性	
隶属度	参数	隶属度	参数	隶属度	参数
很低	[0，0，0.44]	低	[0，0，0.73]	很低	[0，0，0.97]
低	[0.01，1，1.19]	高	[0.04，1，1]	低	[0.08，0.32，0.98]
中	[0.02，2，3.15]	—	—	中	[0.21，0.98，0.99]
高	[0.03，3，3.17]	—	—	高	[0.86，1，1]
很高	[2，4，4]	—	—	—	—

图 3.9 显示了遗传优化过程中种群的平均适应度和种群中最好个体的适应度随遗传代数的变化曲线。从图 3.9 中可以看出，随着代数的增加，种群不断向着适应度增大的方向

进化。在 80 代左右，种群中最好个体的适应度逐渐收敛至最大值 15，说明安全点推理模糊系统的遗传调优算法已经收敛到了全局最优解。

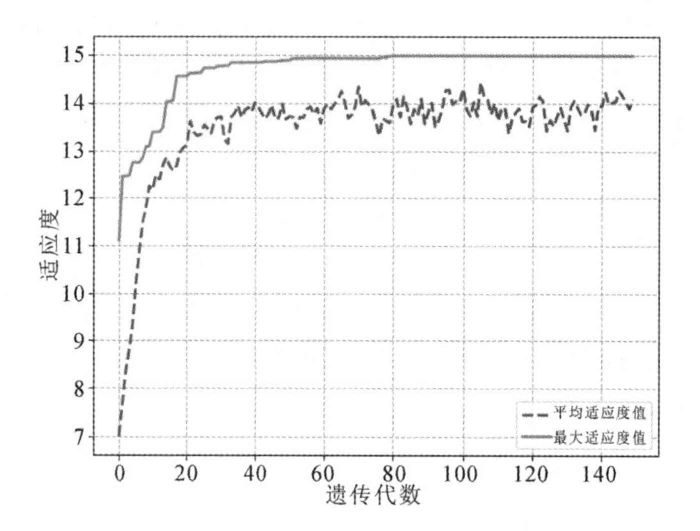

图 3.9　遗传模糊系统的优化结果

3.4 仿真实验

为了验证安全点推理遗传模糊系统的有效性，分别使用完全基于专家知识的模糊系统和遗传调优后的模糊系统对测试集中六角格的安全程度进行推理。其中，一名专家给出的隶属度函数的参数如表 3.7 所示。

表 3.7　专家给出的安全点推理模糊系统隶属度函数参数

地形隶属度函数参数		地貌隶属度函数参数		安全点可能性隶属度函数参数	
隶属度	参数	隶属度	参数	隶属度	参数
很低	[0, 0, 1]	低	[0, 0, 0.1]	很低	[0, 0, 0.1]
低	[0, 1, 2]	高	[0.9, 1, 1]	低	[0, 0.2, 0.5]
中	[1, 2, 3]	—	—	中	[0, 0.7, 1]
高	[2, 3, 4]	—	—	高	[0.4, 1, 1]
很高	[3, 4, 4]	—	—	—	—

对比结果如图 3.10 所示，其中，横坐标为测试集中六角格的地形和地貌特征值二元组，纵坐标为模糊系统输出的六角格成为安全点的可能性值。

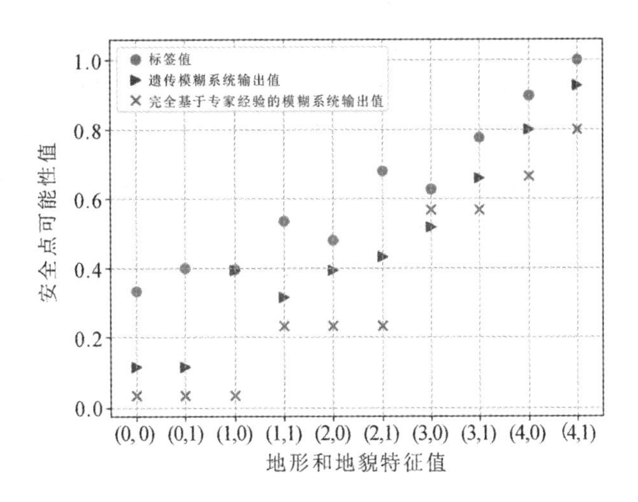

图 3.10　完全基于专家知识的模糊系统与遗传模糊系统结果对比

在图 3.10 中，圆点表示测试集中具有相应地形和地貌特征值的六角格的安全程度标签的平均值。如前所述，该值是通过对复盘数据进行数据挖掘得到的，反映了指挥员在兵棋比赛中真正使用到的安全点及其安全程度值；叉号表示根据三个专家的专家知识构造的模糊系统输出值的平均值；三角形表示遗传调优后的模糊系统的输出值。从图 3.10 可以看出，除了测试集中地形值为 2、地貌值为 1 的六角格，在其他所有六角格上使用遗传模糊系统推理得到的结果均与标签值更接近。此外，从图 3.10 中还可以看出，经过遗传调优后的模糊系统的推理结果几乎都在标签值与完全基于专家知识的模糊系统的输出值之间，这在一定程度上说明了经过遗传调优，模糊系统能对专家知识与复盘数据信息进行均衡与折中。

综上所述，遗传模糊系统能够将复盘数据与专家知识相结合，得到更高的推理准确性和推理质量。

本 章 小 结

使用模糊系统方法求解关键点推理问题，能够较好地利用兵棋推演专家的经验和知识，为模糊、不确定态势下的作战任务规划提供可靠的思路。但是，在关键点推理模糊系统中，模糊规则的编写、模糊分区的确定、模糊变量及其隶属度函数参数的设置等完全由兵棋推演专家根据自身经验确定，这不仅在推理问题较为复杂时增加了人为设置和调整参数的工作量，同时也会带来模型主观性过强、模型准确性较低的弊端。此外，考虑到在作战任务规划领域中，利用作战推演数据对模型进行训练和学习也是一种流行的方法。虽然数据采集困难、对泛化性能和可解释性要求较高等问题造成单纯使用深度学习模型无法达到令人满意的效果，但是研究将作战推演数据与专家知识相结合的人工智能技术对关键点进行推理，使数据利用与专家知识建模二者优势互补，是一种可行的方案。

在此背景下，本章选用具有对专家经验进行建模能力和对数据进行有效学习能力的遗传模糊系统对关键点推理问题进行建模，设计了通用的关键点推理遗传模糊系统框架，并以安全点为例，实现了安全点推理模糊系统的遗传调优算法。为了减小搜索空间，实现对模糊系统高效地遗传优化，针对隶属度函数的特点对遗传算法中的编码、变异和交叉方式进行了修改。此外，本章使用数据挖掘手段对兵棋复盘数据进行了分析，获得了较为准确全面的数据集，并在此基础上设计了合理有效的目标函数。该模型解决了先前构造的完全基于专家知识的关键点级联模糊系统过于依赖专家知识的问题，通过将专家经验与复盘数据相结合，提升了模型的推理质量和准确性。

第 4 章　关键点推理多任务遗传模糊系统

关键点推理遗传模糊系统利用模糊系统对作战任务规划中的专家知识和经验进行整合和建模，同时通过遗传算法对系统的结构和参数进行进化和学习，提供了一种将专家知识和数据相结合的关键点方案，提高了关键点推理的质量和效率。但是，对于一些更复杂的关键点推理问题，由于态势信息复杂多变，需要考虑的因素众多，涉及的专家知识也比较繁杂，因此构造出的模糊系统中，待优化的组件参数的数量及模糊规则库的规模是很庞大的。对于这类大型、复杂的模糊系统而言，通常很难找到全局最优解，且利用遗传算法等进化计算方法对系统进行学习或调优耗费的时间和成本将是不可想象的。

近年来，进化多任务优化作为进化计算领域中一种新的搜索方案被文献(Gupta et al.，2016)提出，用于解决多任务优化问题(Ong & Gupta 2016)。与传统的进化算法不同，进化多任务优化算法利用不同任务之间潜在的相似性和互补性，以及进化搜索的隐式并行性，可以在一次进化过程中同时处理多个优化任务。不少文献(Gupta et al.，2017)(Zhou et al.，2016)表明，与传统的单任务优化方法相比，进化多任务优化算法能够更有效地解决多任务优化问题。进化多任务优化算法凭借其良好的性能已经在各类应用场景下发挥作用。

受进化多任务优化的启发，考虑到不同的关键点推理模糊系统优化任务具有一定的相关性，本章提出多任务遗传模糊系统(Multitasking Genetic Fuzzy System)的通用框架和方法，研究复杂关键点推理的多任务遗传模糊系统方案。

4.1　多任务遗传模糊系统框架

以遗传模糊系统方法为代表的单任务模糊系统优化方法将不同的模糊系统优化问题看作是相互独立的，因此，当需要求解多个模糊系统优化任务时，单任务模糊系统优化方法会对这若干个模糊系统进行逐个地优化和搜索，依次在模糊系统优化任务各自的搜索空间中搜索全局最优解。

在求解多个模糊系统的优化任务时，单任务模糊系统优化方法的流程如下：考虑需要对 H 个模糊系统的优化任务 $T_1,T_2,\cdots,T_H$ 进行求解。不失一般性，假设所有的模糊系统优化任务均为最大化任务，即模糊系统的各组件参数需要朝着适应度函数增大的方向不断进化。第 h 个任务 T_h 的目标函数为 $f_h:\boldsymbol{X}_h \to \mathbf{R}$，其中 $\boldsymbol{X}_h$ 是一个 D_h 维的解空间，D_h 等于 T_h 对应模糊系统待优化组件编码后的长度。在这种情况下，单任务模糊系统优化方法的目标是找到一组解 $\{\boldsymbol{x}_1^*,\boldsymbol{x}_2^*,\cdots,\boldsymbol{x}_H^*\}$，使得：

$$\boldsymbol{x}_h^* = \arg\max f_h(\boldsymbol{x}_h) \tag{4.1}$$

其中，$\boldsymbol{x}_h=(x_1,x_2,\cdots,x_{D_h})$ 是 $\boldsymbol{X}_h$ 上的一个可行解，$h=1,2,\cdots,H$。

由式(4.1)可知，利用单任务模糊系统优化方法求解多个模糊系统优化任务时，能够得到每一个模糊系统优化任务的全局最优解。单任务模糊系统优化方法求解多个模糊系统优化任务的流程如图 4.1 所示，其中，g 代表基因(下同)。

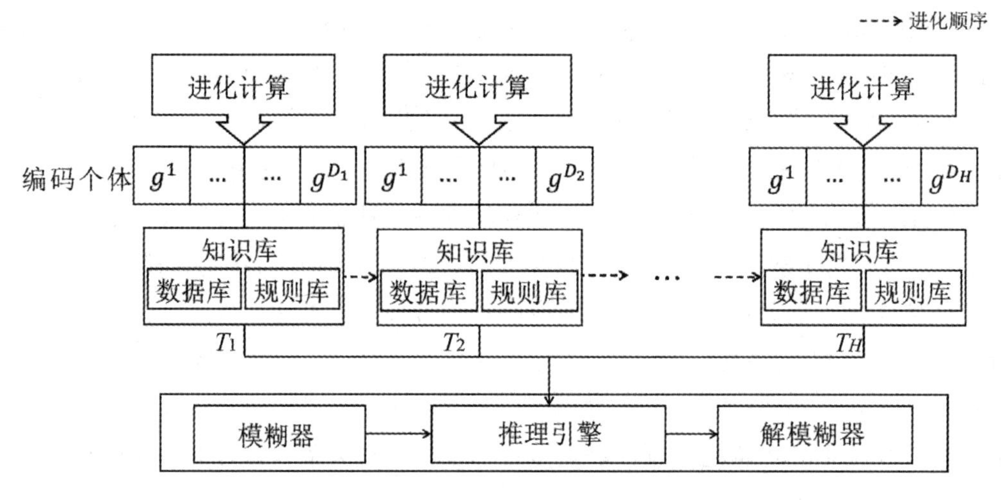

图 4.1 单任务模糊系统优化方法求解多个模糊系统优化任务的流程

需要注意的是，求解模糊系统的优化问题通常耗时较长，尤其是对于那些模糊变量数目较多、模糊规则库复杂的模糊系统而言。在控制、工业、医学等应用领域，大型、复杂的模糊系统是很常见的，单纯地使用进化方法对其进行优化，耗时较长通常是不可容忍的，更不要说需要依次对若干个类似的大型模糊系统进行优化了。

为了解决大型、复杂模糊系统优化耗时过长、成本过高的问题，本节提出模糊系统优化领域中的新范式——多任务遗传模糊系统。

定义 4.1(多任务遗传模糊系统)： 考虑有 K 个模糊系统优化任务需要同时优化，分别为 $T_1,T_2,\cdots,T_K$。与单任务模糊系统优化方法相同，多任务遗传模糊系统优化的组件也可以是模糊系统中的任一组件及其组合。同样，假设所有的模糊系统优化任务均为最大化任务。第 k 个模糊系统的优化任务 T_k 的目标函数为 $f_k:\boldsymbol{X}_k \to \mathbf{R}$。其中，$\boldsymbol{X}_k$ 是一个 D 维的解空间，

D 等于所有模糊系统待优化组件统一编码后的长度。在这种情况下，多任务遗传模糊系统方法的目标是找到一组解 $\{\boldsymbol{x}_1^*, \boldsymbol{x}_2^*, \cdots, \boldsymbol{x}_K^*\}$，使得：

$$\{\boldsymbol{x}_1^*, \boldsymbol{x}_2^*, \cdots, \boldsymbol{x}_K^*\} = \arg\max\{f_1(\boldsymbol{x}_1), f_2(\boldsymbol{x}_2), \cdots, f_K(\boldsymbol{x}_K)\} \tag{4.2}$$

其中，$\boldsymbol{x}_k = (x_1, x_2, \cdots, x_K)$ 是 $\boldsymbol{X}_k$ 上的一个可行解，$k = 1, 2, \cdots, K$。

从定义 4.1 可以看出，多任务遗传模糊系统方法能够利用进化计算同时解决多个模糊系统的优化任务，并且通过搜索找到至少一个模糊系统优化任务的全局最优解。多任务遗传模糊系统的框架如图 4.2 所示。

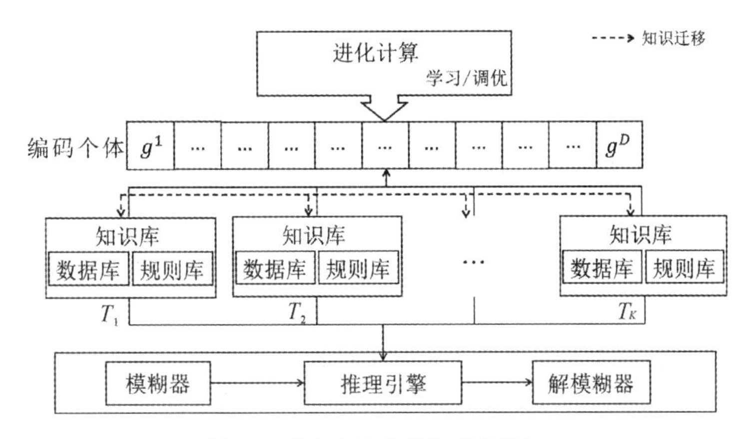

图 4.2　多任务遗传模糊系统框架

从图 4.2 可以看出，与单任务模糊系统优化方法不同，多任务遗传模糊系统方法通过统一的编码方式将不同模糊系统的待优化组件进行了统一和整合，然后借助进化计算，使不同任务的优化知识得以隐式地迁移，从而充分利用不同优化任务的相似性和互补性，完成多个模糊系统优化任务的并行执行。多任务遗传模糊系统方法的具体设计思路如下：首先，同单个模糊系统的优化任务相同，多个模糊系统的优化任务仍然可以看作是一个搜索问题，即在不同优化任务的搜索空间中同时搜索各自的全局最优解，因此，进化计算在这里同样适用，可以借助进化计算的全局搜索能力对多个模糊系统的待优化组件进行高效的搜索；其次，为了并发地处理多个模糊系统的优化任务，需要利用统一的编码方案对不同模糊系统的待优化组件进行编码，通过统一各个模糊系统优化任务的搜索空间，方便使用一次进化计算同时完成对多个模糊系统组件的搜索和优化；最后，为了有效地利用不同模糊系统优化任务之间潜在的相关性，借助进化计算中遗传物质的转移和文化因素的传播，实现不同模糊系统优化任务之间优化信息和知识的交流和传递，促使所有模糊系统都能够借鉴和学习到其他模糊系统的优化经验和技巧，从而达到提升各个模糊系统优化速度和效率的目的。

本节通过分析模糊系统优化问题的特点，对 1.2.2 小节所述的多因素进化算法中的编码、交叉和变异操作进行了修改和调整，从而构造出适合解决模糊系统优化问题的多任务进化方案——多任务遗传模糊系统。借助进化计算的搜索能力和多任务环境中不同模糊系统优化任务之间信息交流和知识传递的优势，多任务遗传模糊系统可以实现多个模糊系统的并行高效优化。在多任务遗传模糊系统中，不同的模糊系统在进化过程中通过知识转移和信息交换，高效地在彼此之间分享进化信息和经验；每个模糊系统收集和利用对己方优化任务有用的信息，从而加快自身的优化速度，提高优化结果的准确性。

不同模糊系统优化任务之间的知识迁移是多任务遗传模糊系统的核心和关键。为此，本节针对模糊系统优化任务的特点设计了跨任务交叉操作，并针对模糊系统优化过程中可能存在的交叉不充分、交叉信息不准确等影响交叉效率的问题进行了处理，这样，不同任务中代表优化信息的遗传物质能够高效地在任务间转移，为任务间的信息交流和知识传递提供桥梁。

作为一种模糊系统优化方法，多任务遗传模糊系统方法可以用来解决各种模糊系统优化问题，包括对模糊系统结构的优化及对系统组件参数的优化。与 1.2.3 小节所述的遗传模糊系统类似，在多任务遗传模糊系统中，用户也可以根据需要，对模糊系统的各种组件进行学习和调整，包括模糊系统的数据库参数、规则库参数、推理引擎参数等，只要用户设计的编码方案将不同待优化组件的搜索空间统一即可。此外，使用多任务遗传模糊系统方法实现对多个模糊系统的优化也有两种思路：遗传学习和遗传调优。但与遗传模糊系统方法不同的是，借助多任务遗传模糊系统方法，不仅可以完成多个需要调优(或学习)的模糊系统优化任务，不同的遗传学习和遗传调优任务也可以同时并行完成。

多任务遗传模糊系统方法为使用者提供了两类功能：当使用者需要对多个模糊系统进行优化时，多任务遗传模糊系统方法为其提供一个省时的并发方案；当使用者需要对一个或多个大型、复杂的模糊系统进行学习或调优时，多任务遗传模糊系统提供一个显著降低优化时间和成本损耗的方案，即将其他相对简单的模糊系统与复杂的模糊系统方法进行多任务进化，从而利用简单模糊系统的优化知识、信息和经验提高复杂模糊系统的优化效率，在不增加成本的前提下缩短复杂模糊系统的优化时间。

4.2 多任务遗传模糊系统的实现

为了简化多任务模糊系统实现的复杂性，本节将图 1.2 所示的 Mamdani 型模糊系统作为研究对象，研究若干个多输入单输出 Mamdani 型模糊系统的隶属度函数参数优化任务。其中，每个 Mamdani 型模糊系统均采用图 1.3 所示的全交迭三角形隶属度函数。本节首先简要介绍隶属度函数为全交迭三角形的多任务 Mamdani 型遗传模糊系统算法(FOTMF-M-MTGFS)的基本框架，然后对算法中重要的编、解码及交叉操作进行详细说明。

4.2.1　FOTMF-M-MTGFS 的基本框架

算法 4.1 描述了 FOTMF-M-MTGFS 的基本框架。

算法 4.1　FOTMF-M-MTGFS 算法的框架

---

1. Encode the membership function parameters of multiple fuzzy systems to be optimized, the total coding length is D
2. Initialize $P=\{p_1, p_2, \cdots, p_N\}$, where $p_i=(g_1, g_2, \cdots, g_D \mid g_d \in [0,1])$, $d=1,2,\cdots,D;i=$ $i=1, 2, \cdots, N$.
3. Decode and evaluate every p_i for every fuzzy system
4. **while** (termination conditions are not satisfied) **do**
5. 　　Using chromosome-based shuffling strategy and cross-task bias estimation strategy based on shuffling, P_o= Assortative mating (P)　// 算法 4.2
6. 　　Evaluate P_o selectively and update their factorial costs
7. 　　P_t=$P_o \cup P$
8. 　　Update factorial rank, scalar fitness and skill factor of P_t
9. 　　Select N fittest individuals from P_t according to the scalar fitness to compose the next generation P
10. **end while**
11. Select the best individual in P, decode it for different tasks to obtain the membership function parameters of different fuzzy systems

---

从算法 4.1 可以看出，同多因素进化算法的思想相同，这里同样使用单一的种群同时对多个模糊系统的隶属度函数参数进行优化，来避免模糊系统过于复杂或模糊系统优化任务数量较多带来的维度灾难。FOTMF-M-MTGFS 算法从编码开始，根据不同模糊系统待优化的隶属度函数参数的特点进行统一编码。随后对种群进行初始化。由于不同的模糊系统中模糊变量的论域可能不同，因此，为了统一搜索空间，将每个模糊变量的论域均归一化为[0,1]区间。在对个体进行适应度评价前，需要根据不同的模糊系统优化任务对其进行解码。与多因素进化算法相同，在多任务遗传模糊系统算法中，子代个体产生的方式基于选择性交叉和垂直的文化传播两大策略。与之不同的是，在选择性交叉策略中，多任务遗传模糊系统针对模糊系统优化问题的特点，采用以染色体为单位的交叉策略，即在两亲本进行交叉的过程中，只在染色体内部进行交叉操作。此外，在交叉操作中还加入了基于染色体的洗牌策略和基于洗牌的任务间偏差估计策略，来解决不同模糊系统中模糊变量维度不同及最优解分离程度较大导致的知识转移效率降低的问题。

关于编码、解码方案及交叉操作的设计将在下文详细介绍。

4.2.2 编码与解码

1. 编码

针对模糊系统中的模糊变量和隶属度函数的特点，设计如下编码方式：编码个体包含多个染色体，每个染色体对应模糊系统中的一个模糊变量；每个染色体由一串基因序列组成，每个基因对应模糊变量的一个隶属度函数参数，隶属度函数参数采用实值编码的编码方式。下面以具有 4 个模糊变量、11 个隶属度函数参数的模糊系统为例，该模糊系统的参数编码方式如图 4.3 所示，其中 g 表示基因。通过将不同的模糊变量设置为不同的染色体，对同一模糊系统中各个模糊变量进行区分，方便日后的进化和搜索。

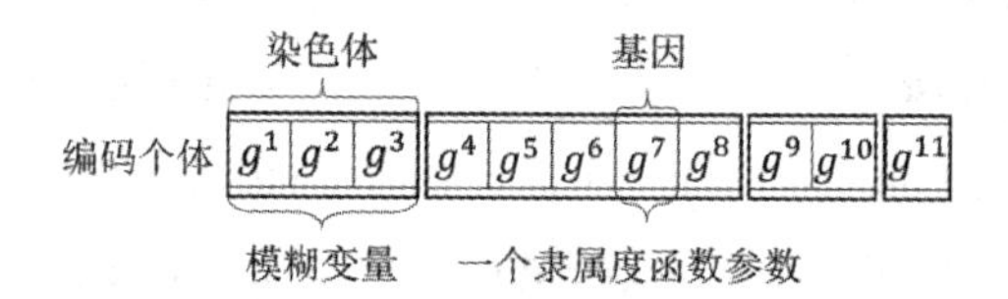

图 4.3 编码方式

这里，以两个 Mamdani 模糊系统 FS_1 和 FS_2 的隶属度函数参数优化任务为例对编码方式进行说明，更多模糊系统优化任务的编码方式以此类推即可。两个示例模糊系统的参数设计如表 4.1 所示。

表 4.1 两个示例模糊系统的参数设计

模糊系统	输入变量	输入变量的隶属度函数个数	输出变量	输出变量的隶属度函数个数	编码长度
FS_1	a_1	4	o_1	5	2 + 3 + 3 = 8
	b_1	5			
FS_2	a_2	7	o_2	5	5 + 1 + 1 + 3 = 10
	b_2	3			
	c_2	3			

令 FS_1 的隶属度函数参数优化任务为 T_1，FS_2 的隶属度函数参数优化任务为 T_2。那么，在这种情况下，根据图 1.3 所示的全交迭三角形隶属度函数与所需参数的对应关系，任务 T_1 和 T_2 的解如图 4.4 (a)所示，其中，不同的字母代表不同的模糊变量，且字母第一个下标表示对应的任务编号，第二个下标表示该参数在模糊变量所有参数中的位置(下同)。

考虑到不同的模糊系统输入变量的个数可能不同，如上例中，模糊系统 FS_1 的输入变量个数小于模糊系统 FS_2 的输入变量个数，因此在编码方案中，按照输出变量在前，输入变量在后的顺序对染色体进行排列。此外，不同模糊变量所需的隶属度函数参数的个数可能不同，为了使个体在编码长度尽可能短的前提下能够同时表示不同模糊系统所有模糊变量的隶属度函数参数，避免模糊系统结构复杂或数量较多时带来维度问题，需要对个体中输入变量染色体的编码长度进行设计：将每个模糊系统的输入变量按照所需隶属度函数参数的个数进行降序排列，如图 4.4(b)所示，从图中可以看出，对于任务 T_1，由于第一个输入变量所需的隶属度函数参数个数为 2，小于第二个输入变量所需的隶属度函数参数个数 3，因此经过排序后，将第二个输入变量放在第一个输入变量之前，任务 T_2 同理。排列好顺序后，将两个任务的模糊变量从上到下、从前到后一一对应，如图 4.4(c)所示，其中，使用同一个方框框起来的模糊变量是相互对应的，长度不足的模糊变量使用空位补全。

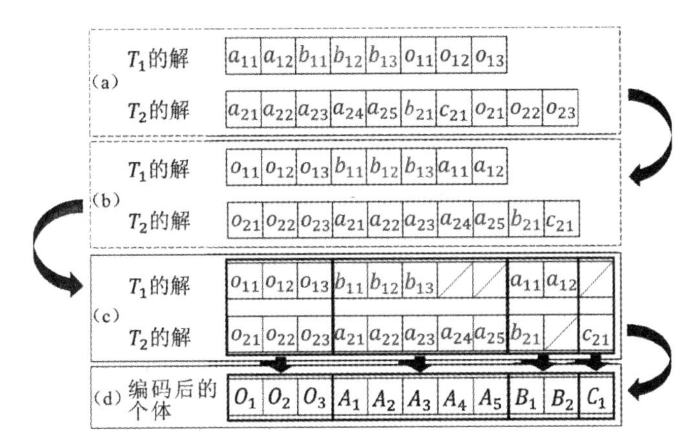

图 4.4 编码方案说明示例

最后，根据两个个体中模糊变量的对应关系，来确定最终编码个体的染色体个数和对应的基因长度。编码后的个体如图 4.4(d)所示。其中，不同的字母代表不同的染色体，下标表示该基因在染色体中的顺序(下同)。从图 4.4(d)中可以看出，编码个体中对应染色体的编码长度与所有模糊系统中隶属度函数参数更多的模糊变量保持一致。

为了方便表述，对编码方案中的一些概念做如下定义：

定义 4.2(非完整染色体集)：个体 p_i 对于任务 T_k 的非完整染色体集 I_i^k 定义如下：

$$I_i^k=\{c_{ki}^j|\text{len}(c_{ki}^j)<\text{len}(c_i^j),\ j=1,2,\cdots,\text{len}_{ch}(p_i)\} \tag{4.3}$$

其中，c_{ki}^j 表示个体 p_i 用于任务 T_k 的第 j 个染色体；c_k^j 表示个体 p_i 的第 j 个染色体；$\text{len}_{ch}(p_i)$ 表示 p_i 的染色体个数。

I_i^k 中的每一个元素都是一个非完整染色体。例如，在图 4.4(d)中，第二个染色体就是该个体在 T_1 的非完整染色体集中的一个非完整染色体。

定义 4.3(完整染色体集)：个体 p_i 对于任务 T_k 的完整染色体集 C_i^k 的定义如下：

$$C_i^k=\{c_{ki}^j|\text{len}(c_{ki}^j)=\text{len}(c_i^j),\ j=1,2,\cdots,\text{len}_{ch}(p_i)\} \tag{4.4}$$

C_i^k 中的每一个元素都是一个完整染色体。在图 4.4(d)中，第二个染色体为该个体对于 T_2 的完整染色体集中的一个完整染色体。

定义 4.4(有效基因)：在个体 p_i 中对于任务 T_k 的非完整染色体上，前若干位对应于任务 T_k 的基因称为有效基因。例如，在图 4.4(d)中，第二个染色体中的前三位基因对应于 T_1 的有效基因。

定义 4.5(无效基因)：在个体 p_i 中用于任务 T_k 的非完整染色体上，后若干位任务 T_k 没有使用到的基因称为无效基因。例如，在图 4.4(d)中，第二个染色体中的后两位基因为对应于 T_1 的无效基因。

2. 解码

当对个体进行适应度评价时，首先需要进行解码操作，得到原本的隶属度函数参数表示。解码时，根据个体需要解码到的任务，按照先解码得到输出变量、后解码得到输入变量的顺序，在各段染色体中取前若干位所需长度的基因进行升序排列后进行拼接，就可以得到解码后的个体。解码后，个体中染色体内的基因序列就是模糊系统中对应模糊变量从左到右的隶属度函数参数序列。

表 4.1 所示例子的解码方式如图 4.5 所示。其中，上标一撇代表对应的染色体已经经过升序排列(下同)。

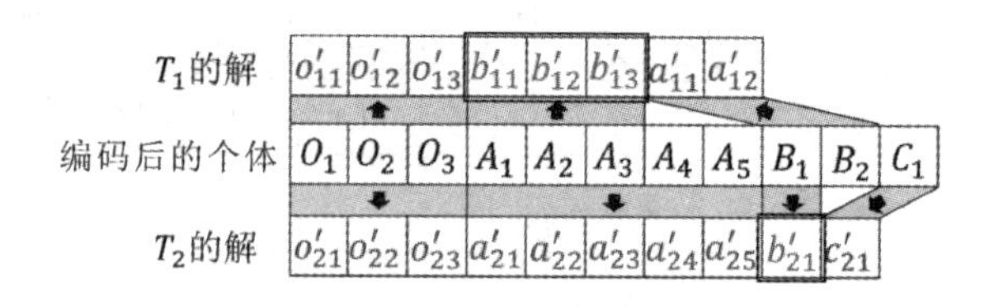

图 4.5 解码方案说明示例

从图 4.5 中可以看出，当要解码得到 T_1 的解方案时，在待解码个体的第一个染色体中取前 3 位基因进行升序排列，就可以组成 T_1 对应模糊系统中输出变量 o_1 的隶属度函数参数序列。依次取后面两个染色体的前 3 位和前 2 位基因，各自进行升序排序后即为 T_1 对应模糊系统两个输入变量 b_1 和 a_1 的隶属度函数参数序列。获取任务 T_2 解方案的解码方法与之相同。

需要注意的是，由于模糊系统采用了全交迭三角形隶属度函数，因此由 1.1.2 小节对全交迭三角形隶属度函数的介绍可知，每个模糊变量的隶属度函数参数有着简单、明确的大小顺序。但是，在初始化种群步骤及在遗传操作中，并不需要对个体中染色体内的参数大小顺序进行相应的调整，这样做与解码的方式有关。由于解码方式是在对应的染色体内取前若干位所需的基因，因此如果在解码前已经定下染色体中基因序列的大小顺序，就会影响解码的效果，使得非完整染色体对应的模糊变量(也就是与其他模糊系统相比，隶属度函数参数长度较短的模糊变量)永远只能得到较小的值。如图 4.5 所示，如果在解码前，每个个体的染色体内部已经经过升序排序，那么在解码的过程中，染色体内从左到右的基因确实可以简单方便地直接赋值给对应模糊变量的若干个隶属度函数参数。但是，如图 4.5 中 T_1 的解中被框出来的模糊变量所示，由于解码的方式是从编码个体的对应染色体中取前若干位，因此该模糊变量的隶属度函数参数将永远是 5 个基因中最小的 3 位。同理，T_2 的解中被框出的隶属度函数参数 b'_{21} 也永远是个体对应基因 B_1 和 B_2 中较小的一个，而实际情况并非如此。因此，在种群初始化时，个体的染色体内参数的大小顺序应该是随机的，且在后面的遗传操作中，要保持染色体内部基因顺序的随机性，只有这样，才能保证解码的有效性。

4.2.3 交叉操作

在 FOTMF-M-MTGFS 算法中，交叉操作的伪代码如算法 4.2 所示。

算法 4.2　Assortative Mating

Input: Randomly select two parents p_1 and p_2 with skill factors τ_1 和 τ_2 from P; the random mating probability of crossover is *rmp*

Output: Two children o_1 and o_2

1. **if** ($\tau_1 == \tau_2$) **then**
2. o_1, o_2 = chromosome-based crossover(p_1, p_2)
3. **else if** ($rand < rmp$) **then**
4. $\overline{p}'_1, l_1, i_1$ = chromosome-based shuffling strategy(p_1);
   $\overline{p}'_2, l_2, i_2$ = chromosome- based shuffling strategy(p_2)　// 算法 4.3
5. $bias$ = cross-task bias estimation strategy based on shuffling ($P, l_1, l_2, i_1, i_2, \tau_1, \tau_2$)
   // 算法 4.4
6. $\overline{o}'_1, \overline{o}'_2$ = crossover($\overline{p}'_1$, $\overline{p}'_2$) considering *bias*
7. o'_1 = re-transfer($\overline{o}'_1$); o'_2 = re-transfer($\overline{o}'_2$)
8. o_1 = shuffle the order of the complete chromosomes in o'_1 ;
   o_2 = shuffle the order of the complete chromosomes in o'_2
9. **else**
10. o_1 = mutate (p_1)
11. o_2 = mutate (p_2)

从算法 4.2 的 3～8 行可以看出，在多任务遗传模糊系统算法中，仍然采用了多因素进化算法中的选择性交叉策略，来保证不同任务之间有效的知识转移。也就是说，若生成的随机数小于设定的参数 *rmp*，则允许不同任务的个体进行交叉操作，完成跨任务的信息交流。但是，与多因素进化算法不同的是，多任务遗传模糊系统为跨任务的交叉操

作提供了基于染色体的洗牌操作和基于洗牌的任务间偏差估计策略(见算法 4.2 第 4～5 行)，来解决个体中染色体编码长度不同及不同模糊系统最优解的分离导致的影响算法性能的问题。

1. 基于染色体的洗牌操作

基于染色体的洗牌操作见算法 4.3。

算法 4.3 Chromosome-based Shuffling Strategy

Input: The candidate parent p

Output: The parents after shuffling $\overline{p}'$, the order list l, the invalid list i

Set: $l_1=\varnothing$, $i_1=\varnothing$, $\overline{p}'=p'$

1. p' = sort (the complete chromosomes and the valid gene strings of incomplete chromosomes in p)
2. **for** (the chromosome c in p') **do**
3. if (c is incomplete chromosome) then
4. **set** $l_c=1,2,\cdots,D_c$, $i_c=\varnothing$, the length of the valid gene string of c is n_v, the length of the invalid gene string is n_i
5. l_c' =shuffle (c), sort (l_c $(1:n_v)$); sort (l_c $(n_v+1:n_i)$)
6. $c(l_c'(1:D_c))=c(1:D_c)$
7. Add the invalid gene string of c to i_c
8. Add l_c' to l
9. Add i_c to i

从算法 4.1 第 2 行所示的种群初始化步骤可知，个体中的基因都是随机初始化的，但是对于模糊系统的隶属度函数参数优化任务来说，每一个隶属度函数参数都有确定的意义，即该隶属度函数参数对应的是哪个模糊变量的哪一个隶属度函数的哪一个参数，且同一模糊变量内的隶属度函数参数之间有着明确的大小顺序。如果直接对来自不同任务的两个个体进行交叉操作，那么任务间传递的信息就会变得混乱，从而失去了利用跨任务间交叉操作在不同任务间传递知识和信息的意义。因此，在交叉操作前需要对个体进行预处理(见算法 4.3 第 1 行)，即以染色体为单位，分别对两个待交叉个体中完整染色体的基因及非完整染色体中的有效基因串进行升序排序，并且在交叉时采用固定匹配的方式，使得两个个体中每对染色体的每对参数都一一对应进行交叉，提高不同任务间知识迁移的效率，保证跨任务交叉的有效性。

预处理完毕后，就可以对来自两个任务的亲本进行交叉操作。根据文献(Ding et al., 2019)可知，在交叉过程中，两个个体中染色体的有效基因长度不同，将会影响交叉效率，因此对每个个体的非完整染色体进行类似文献(Ding et al., 2019)中的洗牌操作(见算法 4.3

的 2～9 行)。但是，由于编码和交叉均是以染色体为单位进行的，因此这里的洗牌操作不是针对整个个体的，而是针对染色体的(见算法 4.3 第 2 行)，换句话说，待交叉的两个个体中所有的非完整染色体都需要进行洗牌，而不像文献(Ding et al.，2019)中的洗牌那样只需要对维度较小的任务对应的个体进行洗牌操作。此外，由于日后要进行任务间偏差的估计，因此直接进行洗牌即可(见算法 4.3 第 5 行)，不必像文献(Ding et al.，2019)中的洗牌操作那样引入额外的参数来替换非完整染色体中的无效基因。洗牌结束后，在算法 4.3 第 7 行中，记下每个染色体对应的无效基因串构成无效列表，用于后面的任务间偏差估计。

2. 基于洗牌操作的任务间偏差估计

如算法 4.2 中第 5 行所示，为了解决任务间最优解分离程度过大可能导致进化后期出现负迁移的问题，在洗牌后、交叉前，本小节设计了基于洗牌的任务间偏差估计策略，具体参见算法 4.4。

算法 4.4　Cross-task Bias Estimation Strategy Based on Shuffling

---

Input: The population P, the order list l_1 and l_2 of two shuffled parents, the invalid list i_1 and i_2 of two shuffled parents

Output: *bias* between two tasks

1. $P_1 = n_b$ best individuals in P on T_1； $P_2 = n_b$ best individuals in P on T_2
2. b_1'=average(P_1)； b_2'= average(P_2)
3. $\overline{b_1'}$=the chromosome-based shuffling strategy for bias estimation (b_1', l_1, i_1)；
   $\overline{b_2'}$=the chromosome-based shuffling strategy for bias estimation (b_2', l_2, i_2)　// 算法 4.5
4. $bias = \overline{b_1'} - \overline{b_2'}$

与文献(Wu & Tan，2020)相同，为了使任务间最优解偏离程度过大时，仍可以保证任务间交流的信息的正确性和有效性，本小节使用若干个最优解的平均值之差作为任务间的偏差估计值(见算法 4.4 第 1～2 行)，并在交叉时使用该偏差。但是，考虑到前期洗牌操作导致的染色体内部基因顺序被打乱的问题及有效基因与无效基因被混合在一起的问题，需要根据洗牌过程中打乱的顺序及无效基因的值，对两个任务各自的最优解个体进行同样的洗牌操作(见算法 4.4 的第 3 行)，具体细节见算法 4.5。

算法 4.5　The Chromosome-based Shuffling Strategy for Bias Estimation

---

Input: Best individual b', the order list l,the invalid list i

Output: The shuffled individual $\overline{b'}$

Set: $\overline{b'} = b'$

1. **for** (the chromosome c in $\overline{p'}$) **do**

```
2.    Set: k = 1
3.    if (c is incomplete chromosome) then
4.        l_c = l (k : D_c + k − 1)
5.        c (l_c (1 : D_c)) = c (1 : D_c)
6.        The invalid gene string in c = i
7.        k = k + D_c
```

如算法 4.5 中第 4 行和第 5 行所示，两个任务最优解个体中的非完整染色体也要根据待交叉亲本的洗牌操作进行洗牌，且洗牌后最优个体中的无效基因串打乱后使用算法 4.3 第 7 行保存的相应亲本洗牌过程中的无效基因串进行替换，以保证计算出的偏差就是两个待交叉亲本中有效基因之间的偏差。

在交叉操作完成后，像文献(Ding et al., 2019)中那样，个体在洗牌操作中被打乱的参数的顺序应该调整回来，也就是进行“反洗牌”操作，见算法 4.2 的第 7 行。需要特别注意的是，在交叉之后，将子代添加到整个种群之前，应该打乱两个子代个体中完整染色体的基因顺序(算法 4.2 第 8 行)，以确保 4.2.2 节所述的解码效率。

接下来以图 4.6 为例对多任务遗传模糊系统中的交叉操作进行详细说明。其中，在基因的表示上，第一个上标代表该基因所在个体的类型，如 p 表示该个体为亲本个体，o 表示子代个体，b 表示最优解个体；上标一撇表示该染色体中的基因经过了升序排序；下标的表示与图 4.5 相同。假设从亲本种群中随机挑选的两个待交叉的亲本为 p_1 和 p_2。首先，如图 4.6(a)所示，采用算法 4.3 第 1 行所述的预处理步骤可以得到个体 p_1' 和 p_2'，其中，使用灰色填充的基因是无效基因。其次，针对两个个体中的非完整染色体进行洗牌操作。从图 4.6(a)中可知，p_1' 中的第二个染色体和 p_2' 中的第三个染色体为非完整染色体，因此，针对上述两个染色体进行洗牌操作。假设 p_1' 中的第二个染色体打乱后的列表 $l_{12} = (4,3,1,2,5)$，考虑到在交叉的过程中传递的知识是有顺序的，因此根据算法 4.3 第 5 行对该列表 l_{12} 中前三位(p_1' 中第二个染色体有效编码长度为 3)进行升序排序得到调整后的列表 $l_{12}' = (1,3,4,2,5)$。然后，根据列表 l_{12}' 对 p_1' 中该染色体的顺序进行调整，如图 4.6(b)所示。p_2' 的第三个染色体的洗牌操作同理。经过洗牌操作，得到个体 $\overline{p}_1'$ 和 $\overline{p}_2'$。洗牌结束后，需要对 T_1 和 T_2 的偏差进行估计。假设 T_1 和 T_2 分别取若干个最优解后(本小节取 5 个，即 n_b=5)，经过解码并按位求平均值后得到的最优解分别为 b_1' 和 b_2'。接着，如算法 4.4 第 3 行那样，将 b_1' 和 b_2' 进行与 $\overline{p}_1'$ 和 $\overline{p}_2'$ 相同的洗牌操作，并且将洗牌后无效基因的位置替换为 $\overline{p}_1'$ 和 $\overline{p}_2'$ 中相应的无效基因。经过洗牌后，两个任务的最优解为 $\overline{b}_1'$ 和 $\overline{b}_2'$，如图 4.6(c)所示。最后，将 $\overline{b}_1'$ 和 $\overline{b}_2'$ 的差作为两个任务之间的偏差。偏差估计完毕后，对个体 $\overline{p}_1'$ 和 $\overline{p}_2'$ 进行交叉操作，且交叉操作的过程中加上(或者减去，取决于方向)两个任务的偏差，得到两个子代 $\overline{o}_1'$ 和 $\overline{o}_2'$，如图 4.6(d)所示。图 4.6(e)显示了算法 4.2 第 7 行所示的反洗牌过程：在将子代加入种群之前，要将个体中被洗牌的参数的顺序调整回去。此外，为了保证解码的效果，将两个个体中有效基因串更长的染色体的基因序列顺序打乱。

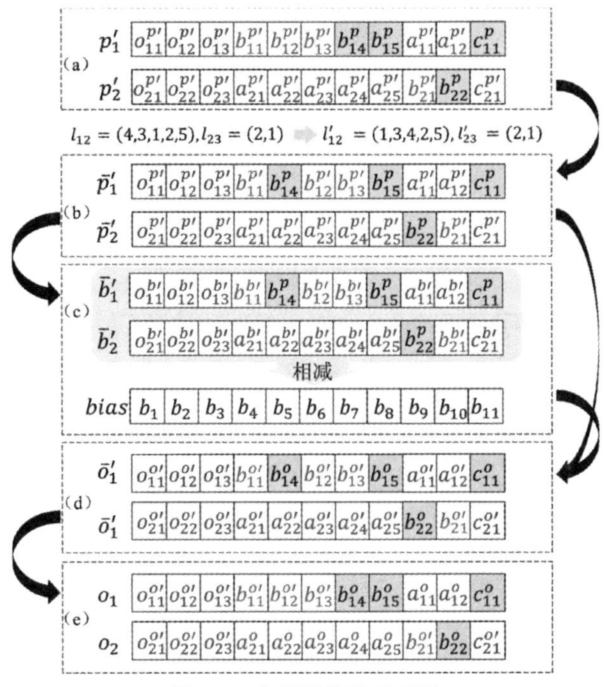

图 4.6　交叉操作说明示例

4.2.4 实验验证

在本小节中，为了验证本书提出的多任务遗传模糊系统的有效性，在具有全交迭三角形隶属度函数的 Mamdani 型模糊系统上，将其与传统的单任务模糊系统优化算法——遗传模糊系统算法进行比较。

1. 基准任务

为了全面地对比上述两种算法的性能，人工构造了三个基准任务。通过三个基准任务两两结合，得到三个多任务优化问题。利用三个基准任务和三个多任务优化问题，可以对两种算法的性能进行比较和分析。

1) 基准任务的设计

为了验证本书提出的多任务遗传模糊系统算法在解决具有不同最优解、不同相似度的多个模糊系统优化任务上的效果，本小节设计了三个 Mamdani 型模糊系统的优化任务。通过改变模糊系统的复杂程度(模糊系统待优化的参数个数和模糊系统的规则库规模)及模糊系统的类型(分类模糊系统和回归模糊系统等)来构造具有不同最优解和相似度的模糊系统优化任务。三个基准模糊系统如表 4.2 所示，每一个模糊系统优化任务都对所有模糊变量的隶属度函数参数进行了优化。

表 4.2 三个基准模糊系统

模糊系统	输入变量的隶属度函数个数		输出变量的隶属度函数个数		模糊系统类型	规则数量	待优化参数数量
FS_1	输入 1	3	输出 1	3	回归型	3	3
	输入 2	3					
FS_2	输入 3	3	输出 2	3	分类型	3	4
	输入 4	3					
	输入 5	3					
FS_3	输入 6	5	输出 3	7	回归型	5^5	20
	输入 7	5					
	输入 8	5					
	输入 9	5					
	输入 10	5					

2) 训练数据的生成

设计好基准模糊系统后，还需要提供三个模糊系统对应的训练数据。采用如下方式生成训练数据：针对表 4.2 中的三个模糊系统，根据经验手动构建规则库并给定模糊系统的划分和隶属度函数参数。模糊系统构建完毕后，随机给定 1 000 000 个输入作为特征值，并将该输入下模糊系统的输出作为标签，照此方法随机抽取 100 条输入—输出标签数据构成训练集，用于训练多任务遗传模糊系统和遗传模糊系统的隶属度函数参数。

2. 实验参数的设置

1) 基础参数的设置

在多任务遗传模糊系统中，使用遗传算法设置多个模糊系统的隶属度函数参数。当进行任务内部的交叉操作时，采用单点交叉的交叉方式；当进行跨任务的交叉操作时，采用模拟二进制 SBX 交叉算子。其中，交叉概率设置为 1，模拟二进制交叉的参数设置为 2；*rmp* 参数设置为 0.3；变异方式设置为高斯变异，变异概率设置为 0.5，高斯变异的均值设置为 0，方差设置为 0.6。在进化过程中，种群规模设置为 100，每个模糊系统优化任务的进化代数上限设置为 150。在进行任务间偏差的估计时，$n_b=5$，即利用种群中最好的 5 个个体进行最优解的估计。此外，为了保证实验对比的公平性，遗传模糊系统和多任务遗传模糊系统均采用相同的遗传算子和参数。

2) 适应度函数的设置

为了使不同模糊系统的隶属度函数参数均朝着使系统推理准确性增大的方向不断进化，回归型模糊系统优化任务 T_k 的适应度函数公式如下：

$$f_k = \frac{1}{\sqrt{\frac{\sum_{i=1}^{n}(o_k^i - l_k^i)^2}{n}}} \tag{4.5}$$

其中，f_k 表示模糊系统优化任务 T_k 的适应度函数；i 表示第 i 条训练数据；o_k^i 表示将第 i 条训练数据中的输入变量值输入到模糊系统 T_k 中得到的输出值；l_k^i 表示模糊系统 T_k 在第 i 条数据下的标签值；n 表示训练数据的数量，本小节中 $n = 100$。

对于分类型模糊系统优化任务，适应度函数设置为正确分类的数据个数。

3. 评价指标

为了更直观地对多任务遗传模糊系统算法与传统的遗传模糊系统算法的性能进行比较，本小节采用文献(Da et al.，2017)提出的算法评价指标给出上述两个算法的评分。该算法的评价指标如下：假设有 K 个待优化任务($T_1, T_2, \cdots, T_K$)，有 L 个算法($A_1, A_2, \cdots, A_L$)，且每个算法运行 c 次。令 $B(l,k)_c$ 表示使用算法 A_l 在任务 T_k 上运行第 c 次时得到的最好的适应度值，μ_k 和 σ_k 分别是使用算法 A_l 在任务 T_k 上运行后得到的最佳结果 $B(l,k)_c$ 的平均值和标准差，$k = 1, 2, \cdots, K$，$l = 1, 2, \cdots, L$，则经过标准化的最佳结果值 $B(l,k)_c$ 计算公式如下：

$$B'(l,k)_c = \frac{B(l,k)_c - \mu_k}{\sigma_k} \tag{4.6}$$

算法 A_l 的性能计算公式如下：

$$s_l = \sum_{k=1}^{K}\sum_{c=1}^{C} B'(l,k)_c \tag{4.7}$$

从式(4.7)可以看出，对于最大化任务来讲，算法的性能分数越高，表示该算法的总体性能越好。

4. 实验结果和分析

表 4.3 显示了上述三个模糊系统的隶属度函数优化任务在多任务遗传模糊系统和遗传模糊系统两个算法下得到的最大适应度的平均值及 150 代的归一化运行时间平均值。

表 4.3　三个基准任务上的实验结果

优化任务	最大适应度的平均值	150 代归一化时间的平均值
FS_1	2321.934	0.029
FS_2	100	0.037
FS_3	32.698	1
(FS_1, FS_2)	(2321.934, 100)	0.031
(FS_1, FS_3)	(2321.934, 33.950)	0.518
(FS_2, FS_3)	(100, 34.017)	0.680

从表 4.3 中可以看出，在较为简单的 FS_1 和 FS_2 优化任务上，两种算法均在 150 代以内达到了全局最优解；在复杂的 FS_3 优化任务上，使用多任务遗传模糊系统得到的最终结果要优于遗传模糊系统。此外，从表 4.3 中还可以看出，多任务遗传模糊系统能够在很大程度上缩短进化时长，尤其是对于大型的模糊系统优化任务，多任务遗传模糊系统缩短了至少 32%的进化时间。这说明，使用多任务遗传模糊系统可以在无须提升计算成本的条件下，有效地缩短进化时间，提高进化速度。

两种算法在三个基准任务上得到的最大适应度值随着遗传代数的变化曲线如图 4.7 (a)、(b)、(c)所示，两种算法的平均性能分数如图 4.7(d)所示。

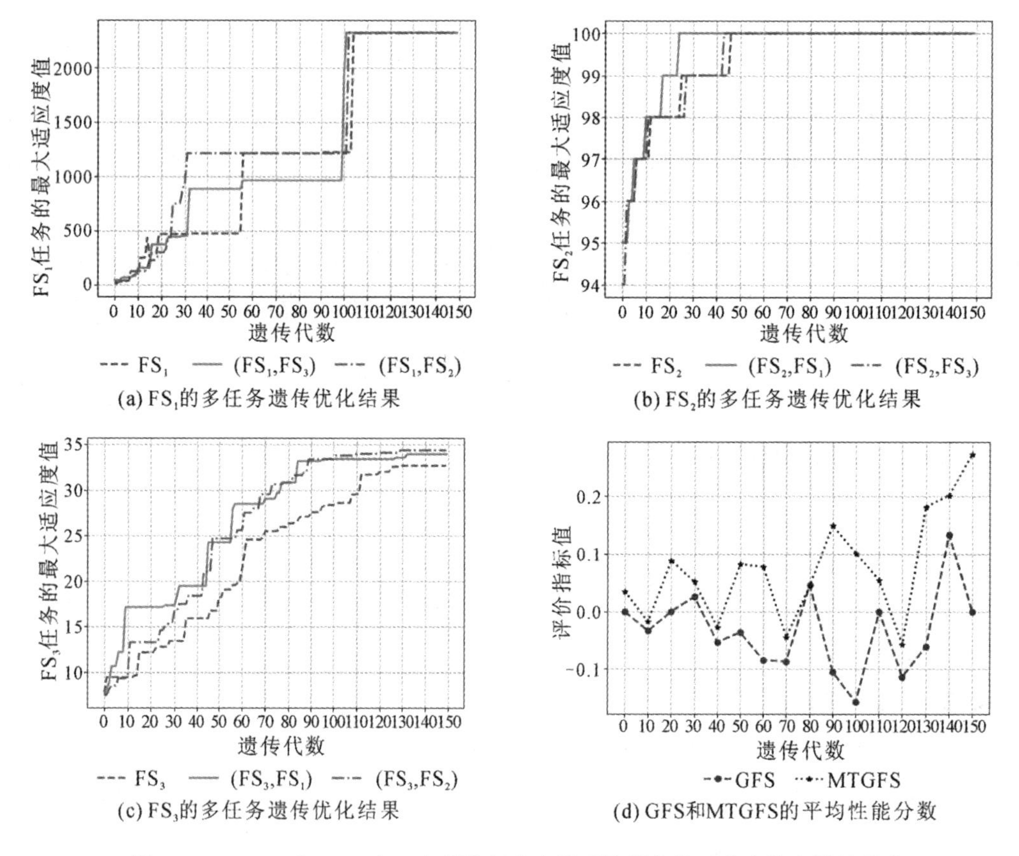

(a) FS_1的多任务遗传优化结果　(b) FS_2的多任务遗传优化结果

(c) FS_3的多任务遗传优化结果　(d) GFS和MTGFS的平均性能分数

图 4.7　MTGFS 和 GFS 在三个基准任务上的平均最好的适应度值和性能得分

从图 4.7 可以得出如下结论：

(1) 多任务遗传模糊系统的整体性能优于遗传模糊系统。

从图 4.7(a)、(b)、(c)中可以看出，无论是简单的任务还是复杂的任务，使用多任务遗传模糊系统的进化速度均快于遗传模糊系统，比遗传模糊系统算法更早收敛。这证实了多任务遗传模糊系统能够在不同模糊系统优化任务中有效地传递进化的信息和知识，从而提高不同模糊系统的优化速度和效率。此外，从图 4.7(d)中还可以直观地看出，多任务遗传模糊系统的性能要明显优于遗传模糊系统。

(2) 在处理简单的模糊系统优化任务时，多任务遗传模糊系统的优势不明显。

例如，在图 4.7(a)、(b)中，当简单的 FS_1 与同样简单的 FS_2 共同优化时，在进化初中期，精细的遗传物质在二者之间得到了较好的传递，各自的进化速度和效率得到了较大提升。但是，由于二者的局部最优性较弱，优化难度较小，因此，同单任务优化算法相比，当算法收敛时，代数相差不大，尤其是更为简单的 FS_1 任务。且在两种算法下，两个模糊系统均在 150 代以内找到了全局最优解。

(3) 在解决大型模糊系统优化任务时，多任务遗传模糊系统效果显。

在 FS_3 这个具有挑战性的问题上，如图 4.7 (c)所示，从进化初期开始，多任务遗传模糊系统就能够在很大程度上将小型模糊系统上的优化知识和经验提供给大型模糊系统，从而加快其进化速度。这说明多任务遗传模糊系统能够将小型、简单的模糊系统优化问题的经验和知识迁移到计算耗时长、成本高的模糊系统优化问题上，从而在大型复杂的模糊控制优化问题中更快、更好地得到优化结果，显著降低了大型模糊系统的优化时间和成本。

4.3 仿真实验

为了说明多任务遗传模糊系统在作战任务规划关键点推理问题上的有效性，本节设计了用于推理兵棋推演关键点的模糊系统优化问题的基准任务，并在基准任务上对多任务遗传模糊系统与遗传模糊系统进行比较和讨论。

4.3.1 基准任务

1. 基准任务的设计

定义 4.6(侦察点)：侦察点 kp_o 的定义如下：

$$kp_o = \{< p, s(p), B, m, e >| \, p \in M, m = \text{observe}\} \tag{4.8}$$

其中，e 表示侦察区域。

在作战任务规划中，侦察点也是一类重要的关键点，如果能够顺利地判断并确定我方的侦察点，就可以掌握侦察区域内部及附近一定范围内敌方棋子的动态，进而把握敌方的剩余兵力、作战意图等，辅助我方进行作战计划的制订和调整。因此，本小节将红方在兵棋推演中步兵的侦察点和步战车的侦察点作为待推理的关键点，将推理上述两类关键点的模糊系统的优化任务作为基准任务。

在推理一个六角格适合作为侦察点的可能性时，根据兵棋推演专家的经验，需要考虑该六角格的“通视程度”“暴露率”和“安全程度”三个因素。

首先，由于侦察点的作用就是对侦察区域的蓝方棋子的动向进行观察，因此推理一个六角格适合作为侦察点的可能性时，第一个考虑的因素就是红方棋子位于其上对侦察区域内蓝方棋子的通视程度。使用红方棋子位于六角格上对侦察区域六角格的通视情况来量化六角格的“通视程度”，如下式所示：

$$P_{\text{visible}} = \frac{n_{\text{visible}}}{N} \tag{4.9}$$

其中，P_{visible} 表示六角格的通视程度；n_{visible} 表示红方棋子位于六角格能够通视侦察区域中的六角格的个数；N 表示侦察区域中六角格的总数。

由式(4.9)可知，一个六角格的通视程度越大，说明红方棋子在该六角格上的视野能够覆盖更多的侦察区域，因此更便于进行侦察。

其次，在推理一个六角格适合作为侦察点的可能性时，第二个需要考虑的因素是该六角格上的红方棋子被蓝方发现的概率。如果一个侦察点很容易被蓝方发现，那么蓝方很可能对该侦察点上的红方棋子进行打击和摧毁，从而使红方失去观察的机会。六角格的“暴露率”使用下式表示：

$$p_{\text{observed}} = \frac{n_{\text{observed}}}{N} \tag{4.10}$$

其中，P_{observed} 表示六角格的暴露率；n_{observed} 表示侦察区域中能够观察到该六角格上红方棋子的六角格个数。

最后，如果侦察点上的红方棋子被蓝方发现并被蓝方棋子实施了射击，则红方希望受到的损伤越小越好，因此使用 3.2.1 小节中介绍的蒙特卡洛模拟方法，计算出六角格的“安全程度”，如下式所示：

$$P_{\text{safe}} = \frac{\sum_{i=1}^{n} s_{\text{shot}}}{n} \tag{4.11}$$

其中，P_{safe} 表示六角格的安全程度；s_{shot} 表示侦察区域中的蓝方棋子向该六角格上的红方棋子进行随机的武器打击后，红方棋子损失的分数值；n 表示蒙特卡洛模拟的次数，在这里，n 取 100 000。

综上考虑，根据专家的知识和经验，推理上述两种侦察点的模糊系统的设置如表 4.4 所示。其中，令推理步兵侦察点的模糊系统为 FS_4，令推理步战车侦察点的模糊系统为 FS_5。由于步兵的侦察点和步战车的侦察点在考虑上述三个因素时各有侧重，因此二者在规则的设计上略有差别。

表 4.4　侦察点推理模糊系统的基准任务

<table>
<tr><th>模糊系统</th><th colspan="2">输入变量的隶属度函数个数</th><th colspan="2">输出变量的隶属度函数个数</th><th>模糊系统类型</th><th>规则数量</th><th>待优化参数数量</th></tr>
<tr><td rowspan="3">FS_4</td><td>通视程度</td><td>3</td><td rowspan="3">六角格成为步兵侦察点的可能性</td><td rowspan="3">5</td><td rowspan="6">回归型</td><td rowspan="3">37</td><td rowspan="6">8</td></tr>
<tr><td>暴露率</td><td>5</td></tr>
<tr><td>安全程度</td><td>3</td></tr>
<tr><td rowspan="3">FS_5</td><td>通视程度</td><td>3</td><td rowspan="3">六角格成为步战车侦察点的可能性</td><td rowspan="3">5</td><td rowspan="3">35</td></tr>
<tr><td>暴露率</td><td>5</td></tr>
<tr><td>安全程度</td><td>3</td></tr>
</table>

2. 训练数据集的生成

为了完成对侦察点推理模糊系统的遗传优化，需要构建侦察点数据集，从而为遗传优化提供训练特征和标签。本小节从 3.2.1 小节中经过数据处理的 605 盘复盘数据中找出红方初始位置在左侧的推演复盘数据，希望从中挖掘出侦察区域为主夺控点及其半径三格以内(包括三格)的六角格范围的红方步兵的侦察点和步战车的侦察点。

根据兵棋推演专家的经验，考虑到步兵的被观察距离，红方的步兵侦察点一般距离侦察区域中心 12 格以内；考虑到步战车的被观察距离和步战车配备武器的射程，步战车的侦察点一般距离侦察区域中心 20 格以内。因此，通过挖掘红方步兵机动过的位置，找出其中距离主夺控点 12 格以内的六角格，构成红方步兵侦察点的数据集；通过挖掘红方步战车机动过的位置，并找出其中距离主夺控点 20 格以内的六角格，作为步战车侦察点的数据集。通过统计复盘数据中侦察点数据集中六角格的通视程度、暴露率和安全程度，然后归一化求和，作为各个六角格的侦察性能标签结果的值。

4.3.2　实验结果分析

本实验的实验参数设置和评价指标设置同 4.2.4 小节。表 4.5 显示了运用多任务遗传模糊系统和遗传模糊系统两个算法在上述两种侦察点推理任务上得到的最大适应度的平均值及算法达到收敛时所耗费的归一化运行时间。

表 4.5　两个基准任务上的实验结果

推理任务	最大适应度的平均值	收敛耗时平均值(归一化时间)
FS_4	277.3026	1.2776
FS_5	285.2442	1
(FS_4, FS_5)	(281.2695, 286.5496)	0.8309
(FS_5, FS_4)	(286.5496, 281.2695)	0.7634

从表 4.5 中可以看出，无论使用单任务模糊系统优化方法还是多任务遗传模糊系统方法，优化结果均在 150 代以内收敛。通过对两种算法的收敛速度和耗时进行分析发现，由

于两种侦察点的推理问题有一定的相似程度，因此使用多任务遗传模糊系统方法时，算法达到收敛的消耗时长明显低于单任务优化算法。这再次说明，使用多任务遗传模糊系统可以有效地利用不同模糊系统优化任务的相似性和相关性，高效地在不同的任务间传递优化经验和信息，在无须提升计算成本的条件下节约进化时间，提升进化效率。

MTGFS 和 GFS 在两个侦察点推理任务上的优化结果如图 4.8 (a)、(b)所示。

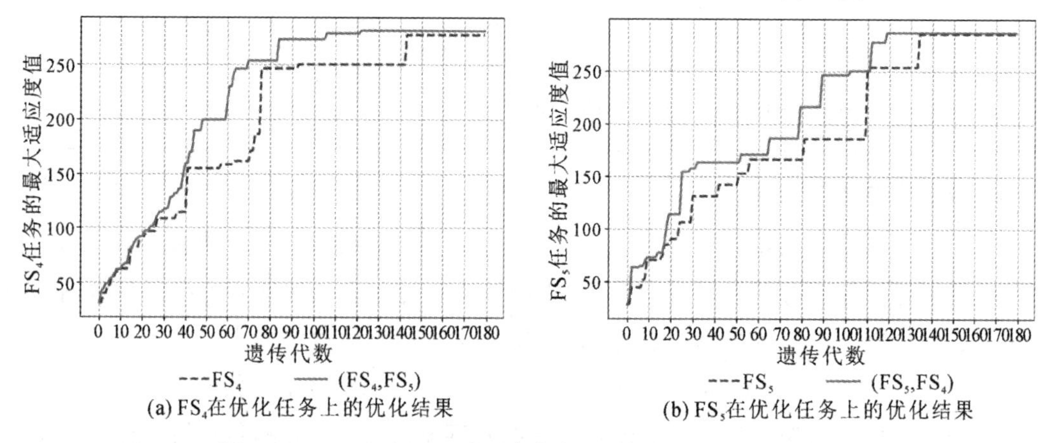

(a) FS_4在优化任务上的优化结果　(b) FS_5在优化任务上的优化结果

图 4.8 MTGFS 和 GFS 在两个侦察点推理任务上的优化结果

从图 4.8 中可以看出，对于步兵侦察点和步战车侦察点的推理任务，使用多任务遗传模糊系统能够在进化初期明显加快进化的速度，使算法提前收敛至最优解。实验结果说明，多任务遗传模糊系统能够解决现实中复杂的作战任务规划关键点的推理问题，在不增加成本的前提下加快复杂关键点推理模糊系统的优化速度，缩短优化时间提高优化的效率。

本 章 小 结

使用遗传模糊系统方法对关键点推理问题进行建模能够将专家知识和推演数据有效结合，从而提高关键点的质量和准确程度。但是，对于更复杂的关键点来说，使用遗传模糊系统方案构建的模型将具有复杂且庞大的规模，从而在模型的计算、维护和优化的过程中造成了大量的时间和成本耗费。考虑到不同的关键点具有不同程度的相似性或互补性，受进化多任务优化的启发，本章提出了一种新的模糊系统优化方法——多任务遗传模糊系统方法，并在此基础上，提出了隶属度函数为全交迭三角形的 Mamdani 型模糊系统的多任务优化算法(FOTMF-M-MTGFS)；为了对多个 Mamdani 型模糊系统的隶属度函数参数优化任务进行同时搜索，针对模糊系统隶属度函数的特点设计了高效的编解码方式；为了提高跨任务信息交换的效率，针对模糊系统优化任务的特点设计了基于染色体的洗牌策略和基于洗牌的任务间偏差估计策略，并对交叉操作的过程进行了详细的设计。该方法能够有效地利用不同模糊优化任务之间潜在的相关性，借助任务间的高效的信息交流和知识转移提升模糊系统优化任务的效率。通过与传统的单任务模糊系统优化方法——遗传模糊系统方法的对比，证明了该方法的有效性。此外，数值实验还表明，借助简单小型的模糊系统，在无须增加算力和成本的条件下，能够提高大型复杂模糊系统的优化速度和优化效率，解决大型、复杂模糊系统的优化难题。

第5章 基于遗传模糊系统的多示例学习算法模型

针对当前作战意图识别技术与方法中存在的作战意图识别数据体量小且数据质量低、无法有效利用先验专家知识及较弱的可解释性等问题，本章通过将作战意图识别建模成多示例学习问题，从解决多示例学习问题的算法模型入手，借助遗传模糊系统利用专家知识指导自身学习训练的能力，研究基于遗传模糊系统的多示例学习算法模型，有效地整合作战领域中的专家知识和少量数据，使用可解释的方式进行作战意图识别。

本章首先提出多示例学习问题的概念和符号表示，以及多示例遗传模糊系统的定义和框架；然后分别从基于加权平均的方法对多个子模糊系统结合和基于多任务遗传模糊系统算法对多示例遗传模糊系统训练两个方面进行具体实现；最后通过将该模型运用到兵棋推演作战任务预测实验案例中，说明该模型的使用过程，根据实验结果对多示例遗传模糊系统进行分析和评价，并对本章研究内容进行总结。

5.1 多示例遗传模糊系统框架设计

定义 5.1(多示例学习符号表示)：假设有 N 个包 $\{B_1, B_2, \cdots, B_N\}$，第 i 个包 B_i 由 a_i 个示例组成 $\{B_{i,1}, B_{i,2}, \cdots, B_{i,a_i}\}$，每个示例都是一个 k 维属性值向量。例如，第 i 个包的第 t 个示例为 $(B_{i,t,1}, B_{i,t,2}, \cdots, B_{i,t,k})^{\mathrm{T}}$，其中 T 表示向量的转置。$N$ 个包对应的标记集为 $\{y_i \mid y_i \in \{0,1\}, i = 1, 2, \cdots, N\}$，其中 1 代表包为正标记，0 代表包为负标记。

在进行多示例学习的建模时，通常根据示例构建分类器(Cai et al.，2005)：

$$\operatorname{argmin}_w \sum_{i=1}^{N} E\left(\max_j \left\{f_{ij}(B_{ij}, \theta)\right\}, y_i\right) \tag{5.1}$$

其中，$f_{ij}(\cdot)$ 表示用于示例 B_{ij} 的分类器，θ 表示分类器的参数，$E(\cdot)$ 表示分类器的误差函数。

上述模型为每一类示例构建了一个分类器 $f_{ij}(\cdot)$，借助取大函数，将每个包中所包含示例的分类器输出整合成该包的最终输出，即式中的 $\max_j \{f_{ij}(B_{ij}, \theta)\}$，然后将该输出与对应

的标签值 y_i 比较取误差。

参考式(5.1)中的多示例学习模型，结合遗传模糊系统的特点，本节提出如图 5.1 所示的多示例遗传模糊系统框架。

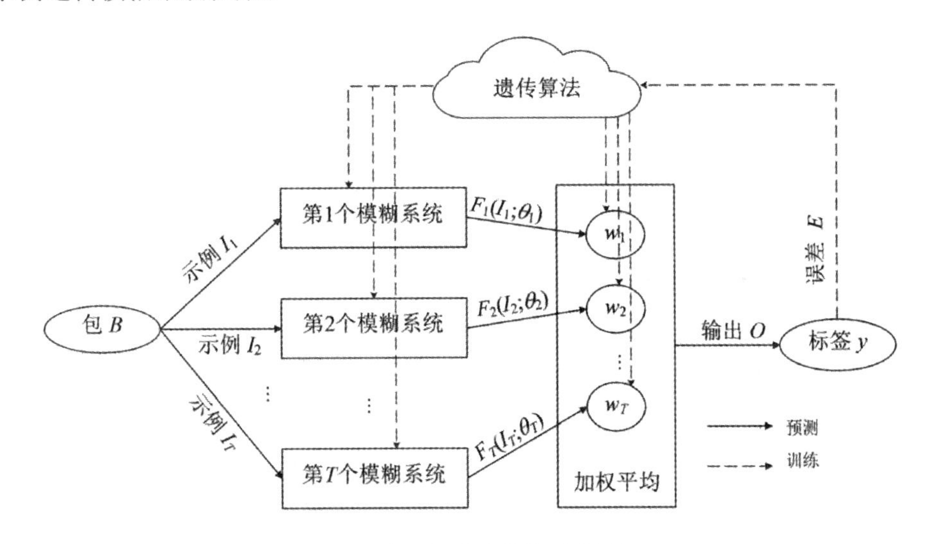

图 5.1　多示例遗传模糊系统框架

多示例遗传模糊系统框架包含两部分：预测和训练。在预测中，该模型应对多示例学习问题中涉及的 T 类示例，$I_1, I_2, \cdots, I_T$，使用了 T 个子模糊系统，通过对所有子模糊系统输出 $F_t(I_t;\theta_t)$ $(t = 1, 2, \cdots, T)$ 进行加权平均，得到模型对包 B 的预测结果 O；在训练中，该模型使用遗传算法对参数(主要是子模糊系统参数 θ_t 和权重参数 w_t)进行训练。

将式(5.1)中的分类器直接替换成遗传模糊系统。也就是说，根据多示例学习问题涉及的示例，为每一类示例定制一个子模糊系统的分类器。当有包的数据进入多示例遗传模糊系统时，会根据包中的示例，将示例对应的数据输入到各自的子模糊系统中，得到子模糊系统的输出后，进入后面的合并计算。

在对多个子模糊系统的输出进行合并时，根据模糊系统的计算特点，本节使用加权平均代替式(5.1)中的取大函数。有能力决定包正负性的示例具有更大权重，无益于决定包正负性的示例的权重更小，模型的最终预测结果 O 会更倾向于与权重大的子模糊系统的输出保持一致。相较于取大函数，加权平均的结合方式更加灵活。取大函数的结合方式，要求模型中主要示例对应子模型的输出与模型的总输出保持一致，假设示例 I_{t^*} 是包 B_i 的主要示例，那么根据式(5.1)，有 $f_{t^*}(B_{i,t^*},\theta) = \max_j\{f_{ij}(B_{ij},\theta)\}$；此外，对于非主要示例，在对负包进行预测时，相应子模型的输出必须是 0，即非主要示例与包的预测结果有一定的相关性。换作是加权平均结合，只要保证主要示例上的预测准确性，非主要示例的预测输出应该与包的正负标签不相关，这与非主要示例的定义相一致。

多示例遗传模糊系统主要通过遗传算法进行训练，获得最优的模型参数 θ 和 w。将式(5.1)中的取大函数结合更改为加权平均的结合方式，以包的标签作为各示例的标签，采用子模糊系统各自训练的方式对模型的参数进行训练。对于决定包正负性的主要示例，在对应的子模糊系统上会有高预测准确率，权重较大；相反，对于非主要示例，按照它们与包正负性无关的特点，通常很难训练出有高准确率的参数。因此，可以根据模型中各子模糊系统的预测准确性确定它们的权重。

5.2 多示例遗传模糊系统的实现

5.2.1 基于加权平均的多模糊系统结合

为了完成对未知标签包的预测，需要将从给定标签的正包和负包中训练得到的子模糊系统进行结合。根据基于加权平均进行子模糊系统结合的方法，使用权重参数 w_t 对所有子模糊系统输出 $F_t(I_t;\theta_t)$ $(t=1, 2, \cdots, T)$进行加权平均得到下式：

$$F^* = \frac{\sum_{t=1}^{T} F_t(I_t;\theta_t)w_t}{\sum_{t=1}^{T} w_t} \tag{5.2}$$

将式(5.2)的输出结果 F^* 与阈值进行对比从而得到包的预测结果 O，当数据中正负包分布均衡时，可设阈值为 0.5，当 $F^* \geqslant 0.5$ 时，令 $O=1$；当 $F^* < 0.5$ 时，令 $O=0$。

如果使用取大函数对子模糊系统进行结合，根据式(5.1)得到下式：

$$F'^* = \max_{t\in\{1,\cdots,T\}}\{F_t(I_t;\theta_t)\} \tag{5.3}$$

下面对加权平均和取大函数两种子模糊系统结合方法进行对比。在预测结果主要依赖主要示例、非主要示例与包正负性无关的前提下，对正包进行预测时，加权平均依赖主要示例的输出，通过式(5.2)的预测结果是 1；取大函数通过式(5.3)计算得到 $\max_{t\in\{1,\cdots,T\}}\{F_t(I_t;\theta_t)\}=F_{t^*}(I_{t^*};\theta_{t^*})$，与主要示例输出相同，预测结果是 1，两种子模糊系统结合方法都可以依赖主要示例输出得到包的正标签。对负包进行预测时，加权平均依赖主要示例的输出，通过式(5.2)计算的预测结果是 0，仍然可以依赖主要示例的输出，预测得到包的负标签；但是，对于取大函数，如果式(5.3)计算得到 0，不仅要求主要示例对应的子模糊系统输出必须是 0，还要求其他非主要示例对应的子模糊系统输出都是 0。如果存在一个非主要示例对应子模糊系统输出是 1，根据式(5.3)输出是 1，那么负包的预测结果是正标签。这就说明非主要示例与包的预测结果有一定的相关性，所以取大函数同时依赖主要示例输出和非主要示例输出得到包的负标签。而非主要示例的预测输出应该与包的正负标签相独立，此时取大函数与非主要示例的定义相矛盾。

举例说明如下，在预测结果主要依赖主要示例、非主要示例与包正负性无关的前提下，假设对负包预测时 T 个子模糊系统输出为：

$\{F_1(I_1;\theta_1)=1,\cdots,F_{t^*-1}(I_{t^*-1};\theta_{t^*-1})=1,F_{t^*}(I_{t^*};\theta_{t^*})=0,F_{t^*+1}(I_{t^*+1};\theta_{t^*+1})=1,\cdots,F_T(I_T;\theta_T)=1\}$

其中，T 类示例中只有示例 I_{t^*} 是主要示例，主要示例对应的子模糊系统的输是 0，其余非主要示例对应的子模糊系统的输出是 1。

使用取大函数对子模糊系统进行结合时，根据式(5.3)得到 $F'^* = \max_{t\in\{1,\cdots,T\}}\{F_t(I_t;\theta_t)\}=1$。

预测结果为正标签，而包的真实标签为负，因此预测错误。而使用加权平均对子模糊系统进行结合时，假设主要示例 I_{t^*} 权重为 $w_{t^*}(w_{t^*}>0)$，由于非主要示例的预测输出与包的正负标签相独立，因此将非主要示例权重都设为 0。根据式(5.2)得到：

$$F^* = \frac{\sum_{t=1}^{T} F_t(I_t;\theta_t)w_t}{\sum_{t=1}^{T} w_t} = \frac{F_{t^*}(I_{t^*};\theta_{t^*})w_{t^*}}{w_{t^*}} = F_{t^*}(I_{t^*};\theta_{t^*}) = 0$$

预测结果为负标签，与被预测包的真实标签一致。

通过加权平均和取大函数两种子模糊系统结合方法进行对比说明：只要保证主要示例上的预测准确性，加权平均的结合方法相较于取大函数要更有效依赖于主要示例。同时，加权平均的结合方法更契合模糊系统的特点，子模糊系统的权重可以和规则后件带有权重的模糊系统进行整合。

下面确定子模糊系统的权重，通过式(5.2)可以看出子模糊系统的结合就是将 T 个子模糊系统的输出结果加权平均。子模糊系统的权重越高，在最终的结合中起的作用越大，反之作用越小。但是，子模糊系统分类是有差异的，有的子模糊系统分类误差率比较低，有的子模糊系统分类误差率比较高，为了让在最终的结合中起着较大的决定作用的是分类误差率比较低的子模糊系统，在最终的结合中起着较小或不起作用的是分类误差率比较高的子模糊系统，本小节利用分类误差率计算子模糊系统的权重。通过加大分类误差率小的子模糊系统的权重，使其在最终的输出中起着较大的决定作用，同时降低分类误差率大的子模糊系统权重，使其在最终的输出中起着较小的作用，从而减少子模糊系统分类误差导致最终输出结果的误差。

以第 t 个子模糊系统为例，将 N 个包 $\{B_1,B_2,\cdots,B_N\}$ 中每个包的第 t 类示例 $\{B_{1,t},B_{2,t},\cdots,B_{N,t}\}$ 输入到第 t 个子模糊系统中，每个示例都是一个 k 维属性值向量，如第 i 个包的第 t 个示例为 $(B_{i,t,1},B_{i,t,2},\cdots,B_{i,t,k})^{\mathrm{T}}$，将 N 个包的标签 $\{y_1,y_2,\cdots,y_N \mid y_i\in\{0,1\}\}$ 作为输入示例的标签，所以第 t 个子模糊系统的输入的训练数据集为：

$$\{(B_{1,t,1},B_{1,t,2},\cdots,B_{1,t,k},y_1),(B_{2,t,1},B_{2,t,2},\cdots,B_{2,t,k},y_2),\cdots,(B_{N,t,1},B_{N,t,2},\cdots,B_{N,t,k},y_N)\}$$

将训练数据集输入到第 t 个子模糊系统中计算得到输出 $\{F_t(I_t;\theta_t)_1,F_t(I_t;\theta_t)_2,\cdots,$

$F_t(I_t;\theta_t)_N\}$，利用第 t 个子模糊系统的输出和训练数据标签通过式(5.4)计算得到第 t 个子模糊系统分类误差 e_t：

$$e_t = \frac{n_{t(F_t(I_t;\theta_t)_i \neq y_i)}}{N_t} \tag{5.4}$$

其中，$F_t(I_t;\theta_t)_i$ 为将第 i 条样本数据输入到第 t 个子模糊系统计算得到的输出，y_i 为第 i 条样本数据的标签，N_t 为输入到第 t 个子模糊系统的样本总数，$n_{t(F_t(I_t;\theta_t)_i \neq y_i)}$ 为将 N 条样本数据输入到第 t 个子模糊系统计算得到的输出与样本标签不等的样本个数。

通过式(5.4)计算即可得到第 t 个子模糊系统的分类误差率 e_t，然后利用 e_t 通过下式计算出第 t 个子模糊系统的权重 w_t：

$$w_t = \log\frac{1-e_t}{e_t} \tag{5.5}$$

当 $e_t = 0.5$ 时，子模糊系统的分类性等于随机分类器，可以认为该子模糊系统完全没有预测能力，对于完全无效的子模糊系统，通过分类误差率计算得到的权重应该尽量接近 0，此时通过式(5.5)计算得到 $w_t = 0$，该子模糊系统在子模糊系统结合中权重为 0，在最终包的预测中不起作用；当 $e_t = 0$ 时，认为该子模糊系统的预测能力为 100%正确，对于预测能力 100%正确的子模糊系统，通过分类误差率计算得到的权重应该尽量接近 $+\infty$，此时由式(5.5)计算得到 $w_t = +\infty$，该子模糊系统在子模糊系统结合中权重为 $+\infty$，在最终包的预测中起决定性作用。由于本章提出的多示例学习问题属于二分类问题，每个学习得到的子模糊系统的分类性要好于随机分类器，因此 $0 \leqslant e_t \leqslant 0.5$。当 e_t 从 0.5 减到 0 的过程中，由式(5.5)计算得到的 w_t 由 0 非线性增长到 $+\infty$，分类误差率越小的子模糊系统在最终的输出中所占的权重越大。将由式(5.5)计算出的权重结果代入到式(5.2)中得到式(5.6)：

$$\begin{aligned} F^* &= \frac{\sum_{t=1}^{T} F_t(I_t;\theta_t)\cdot w_t}{\sum_{t=1}^{T} w_t} \\ &= \frac{\sum_{t=1}^{T} F_t(I_t;\theta_t)\log\left[1-\frac{n_{t(F_t(I_t;\theta_t)_i \neq y_i)}}{N_t}\right]\Big/\frac{n_{t(F_t(I_t;\theta_t)_i \neq y_i)}}{N_t}}{\sum_{t=1}^{T} \log\left[1-\frac{n_{t(F_t(I_t;\theta_t)_i \neq y_i)}}{N_t}\right]\Big/\frac{n_{t(F_t(I_t;\theta_t)_i \neq y_i)}}{N_t}} \end{aligned} \tag{5.6}$$

将 Mamdani 型模糊系统通过中心解模糊器去模糊化输出式(1.2)带到式(5.6)中，得到最终输出式(5.7)：

$$F^*=\frac{\sum_{t=1}^{T}\frac{\sum_{k=1}^{K}\bar{y}_t^k\left[\prod_{i=1}^{d}\mu_{S_i^k}(x_i;I_t;\theta_t)\right]}{\sum_{k=1}^{K}\left[\prod_{i=1}^{d}\mu_{S_i^k}(x_i;I_t;\theta_t)\right]}\log\frac{1-\frac{n_{t(F_t(I_t;\theta_t)_i\neq y_i)}}{N_t}}{\frac{n_{t(F_t(I_t;\theta_t)_i\neq y_i)}}{N_t}}}{\sum_{t=1}^{T}\log\frac{1-\frac{n_{t(F_t(I_t;\theta_t)_i\neq y_i)}}{N_t}}{\frac{n_{t(F_t(I_t;\theta_t)_i\neq y_i)}}{N_t}}} \tag{5.7}$$

式(5.7)中，通过子模糊系统分类误差率计算子模糊系统权重，通过加权平均完成子模糊系统的结合。将主要示例的选择和结果预测进行合并，从而实现综合预测结果的输出，完成多个子模糊系统向一个大的模糊系统的转变。

5.2.2　基于多任务遗传模糊系统的多示例模型训练

因为多示例学习问题中给出的都是包的标签，所以传统的模型都需要对所有示例对应子模型进行统一训练，训练的参数维度高，训练难度大。本小节通过引入示例对应子模型的加权平均结合，将子模型之间的关系近似为用权重量化的线性关系，使多示例学习大模型的训练可以拆分成各示例对应子模型的独立训练，以降低训练复杂度。

假设训练数据集为 D，标签为向量 $\boldsymbol{y}$。现将数据集按照示例拆分成 $D_1,D_2,\cdots,D_T$，那么可以针对每一个示例构造训练模型：

$$\arg\min_{\boldsymbol{\theta}_t} e_t=E\left(F_t(D_t;\boldsymbol{\theta}_t),\boldsymbol{y}\right)\quad t\in\{1,2,\cdots,T\} \tag{5.8}$$

其中，$F_t(\cdot)$ 表示示例 I_t 的子模型，在本小节中指第 t 个子模糊系统；$\boldsymbol{\theta}_t$ 表示第 t 个子模型中需要训练的参数；$E(\cdot)$ 表示误差函数；e_t 表示第 t 个子模型输出的误差。

本小节的目标是对于每一个如式(5.8)的子模型，都训练出最优的参数 $\boldsymbol{\theta}_t^*$ 得到最小误差 e_t^*。这个模型的依据是先假设所有示例都是能决定包正负的主要示例，通过找到反驳事实，筛选出真正的主要示例。这个反驳依据是，如果 D_t 与标签 $\boldsymbol{y}$ 是完全无关的，那么无论参数取什么值，都不能有效降低训练误差；相反，如果这两者是强相关的，那么理论上总是存在最小误差 e_t^* 对应的最优的参数 $\boldsymbol{\theta}_t^*$，找到或接近最优参数，该子模型的预测就能准确。因此，完全可以单独训练如式(5.8)的各个子模型，然后以各子模型的训练误差计算权重，综合各子模型的输出作为总模型的输出。也就是将总模型的训练拆分成各子模型的训练和子模型输出结果综合两个步骤。

经过上述的模型拆分之后，需要对多个示例的子模型进行参数优化，因此可以把总模型的训练视为一个多任务优化模型：

$$\{\boldsymbol{\theta}_1,\boldsymbol{\theta}_2,\cdots,\boldsymbol{\theta}_T\}=\{\arg\min_{\boldsymbol{\theta}_1}e_1,\arg\min_{\boldsymbol{\theta}_2}e_2,\cdots,\arg\min_{\boldsymbol{\theta}_T}e_T\} \tag{5.9}$$

其中，e_t是在式中定义的误差。

因为在模型中的每一项都与一个模糊系统有关，所以可以使用第 4 章的多任务遗传模糊系统的方法对模型求解，多任务遗传模糊系统可以促进模糊系统之间优化过程中历史经验的转移和交流，加快各模糊系统的进化速度，提高优化效率，因此多任务遗传模糊系统非常适用于模型的求解。

基于多任务遗传模糊系统的多示例学习优化模型求解框架如图 5.2 所示。将所有示例的子模糊系统的参数进行统一编码($g_1, g_2, \cdots, g_D$)，通过设计合适的遗传操作对编码种群进行迭代优化，直至停止条件。通过不同优化任务之间的文化传播(图中虚线所示)，加速种群进化，提升所有子模糊系统优化任务的优化效率。各子模糊系统输出与标签 $\boldsymbol{y}$ 的误差函数，作为各子模糊系统优化任务的目标函数。

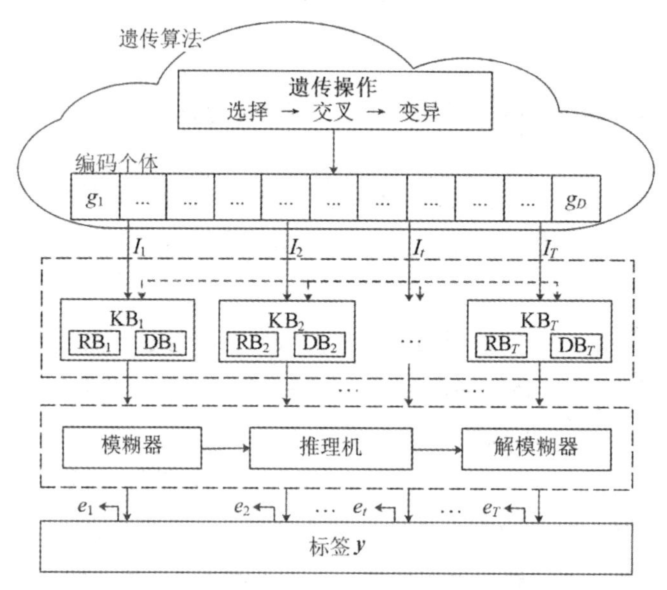

图 5.2 基于多任务遗传模糊系统的多示例学习优化模型求解框架

遗传算法的编码、解码方案和遗传操作与 4.2 节中相似，求解步骤如下。

从编码开始，针对待优化的 T 个子模糊系统参数使用单一染色体进行统一编码，组件参数包括数据库参数(隶属度函数参数、缩放函数参数)、规则库参数(规则的数量等)。然后将种群中的个体通过选择、任务内和任务间的交叉、变异的遗传操作之后，将种群中的每个个体按解码方案分别进行解码，得到 T 个子模糊系统的参数 $\{\boldsymbol{\theta}_1, \boldsymbol{\theta}_2, \cdots, \boldsymbol{\theta}_T\}$ 。将参数 $\boldsymbol{\theta}_t$ 传给第 t 个子模糊系统，输入数据进行计算子模糊系统的输出，计算出与标签 $\boldsymbol{y}$ 的误差 e_t（$t = 1, 2, \cdots, T$），根据误差目标函数完成种群个体的选择，对种群不断地进行交叉变异选择，使种群朝着目标函数减小的方向不断进化，直至进化出最好的种群。

经上述步骤，在多任务遗传模糊系统算法完成迭代或达到结束条件后，在最终种群中选出最优的个体，通过解码得到所有子模糊系统的最优的参数，从而完成对多示例子模糊系统的训练。

5.3 仿真实验

为了说明多示例遗传模糊系统方法的有效性，本节将多示例遗传模糊系统应用到兵棋推演中具有少量数据的敌方作战分队的作战任务的预测问题。

5.3.1 敌方作战分队的作战任务的预测问题

作战任务预测是指在战场环境中对获取到的敌方战场态势信息加以分析，进而确定敌方作战分队的作战任务。其中，敌方作战分队由不同的作战单元组成，每一个作战单元具有代表自身作战能力的武器和装甲状态。所以，敌方作战分队作战任务的确定需要根据作战分队中各作战单元的武器和装甲等状态来决定，此时如果将作战分队看作一个“包”，将作战分队中的作战单元看作“包”中的“示例”，将作战单元的火力、装甲等行动和状态看作“示例”的“特征”，就可以将作战任务预测看成一个典型的多示例学习问题，即将作战任务预测问题定义如下：

假设有 N 个作战分队 $\{B_1, B_2, \cdots, B_N\}$，第 i 个作战分队 B_i 由 a_i 个作战单元 $\{B_{i,1}, B_{i,2}, \cdots, B_{i,a_i}\}$ 组成，每个作战单元都是一个 k 维属性值向量，用来表示其火力、装甲等行动和状态。例如，第 i 个作战分队的第 t 个作战单元为 $(B_{i,t,1}, B_{i,t,2}, \cdots, B_{i,t,k})^{\mathrm{T}}$。$N$ 个作战分队对应的标签，即作战任务为 $\left\{y_i \mid y_i \in \{0,1\}, i = 1, 2, \cdots, N\right\}$，其中 1 可代表作战分队为攻击任务，0 可代表作战分队为防守任务。作战任务预测的目的是从给定作战任务的作战分队中学习分类器，并对未知作战任务的作战分队进行预测。

以兵棋推演中作战任务预测为例，兵棋推演中的战场态势如图 5.3 所示。

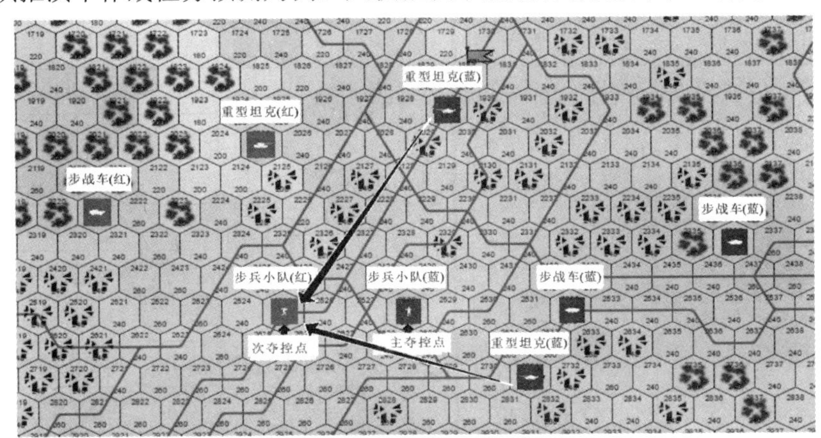

图 5.3　兵棋推演中的战场态势

我方为红方，敌方为蓝方，主夺控点和次夺控点在图中已经被标出，敌方作战分队的作战单元包括两辆重型坦克、两辆步战车和一个步兵小队。为了预测敌方作战分队的作战任务，我方指挥员会根据图中信息进行如下分析：步兵小队已经占领主夺控点处于隐蔽状态，是个较好的观察点；两辆重型坦克分别处于夺控点上方和下方的城镇居民地，位置相对安全，可以利用城镇居民地的掩护对次夺控点发起进攻；一辆步战车处于后方的高程较高的丛林中，具有很好的通视性和隐蔽性，可配合重型坦克进行导弹支援，另一辆步战车处于步兵小队后方可以随时支援夺控。且敌方所有作战单元除一辆重型坦克损失一个单位外，其余作战单元都处于最佳状态。综合分析后，最终预测得到敌方作战分队的作战任务为图中箭头所示的进攻任务。然后，我方指挥员根据敌方作战分队的任务进行作战任务设计、兵力分配，形成下一步的作战方案。

但是随着信息化的发展，战场的复杂性、瞬变性剧增，面对大量的战场信息，指挥员很难在短时间内逐一分析并确定敌方作战分队的作战任务。由此可见，如果能利用人工智能帮助指挥员快速准确地预测敌方下一步作战任务，就能大大简化指挥员进行作战任务规划的复杂性，缩短作战响应时间，提高作战效率。所以针对上述问题，本节基于兵棋推演数据进行敌方作战分队的作战任务的预测实验。

在兵棋推演中作战分队的任务主要由进攻任务和防守任务组成，组成作战分队的作战单元有步战车、重型坦克、步兵小队。作战单元的属性和状态有机动值、车(班)数、导弹数量、装甲防护、地形、地貌、敌我双方兵力比、到夺控点距离、夺控点周围敌人兵力、观察范围等。但是，在兵棋推演中预测一个作战分队的作战任务是进攻还是防守，专家知识中通常使用作战单元的作战能力，如通过坦克的行进间射击能力和步战车远程引导能力来决定一个作战分队是否为进攻任务。所以，为了更好地利用专家知识，实验数据已经进行了必要的预处理，如填写缺失的值、光滑噪声数据、识别或删除离群的点，从作战单元的状态属性数据抽取出作战单元的作战能力数据。表 5.1 总结了兵棋推演数据。

表 5.1　兵棋推演数据

<table>
<tr><th>包(作战分队)</th><th>包的数量</th><th>示例</th><th>属　性</th></tr>
<tr><td rowspan="4">作战任务为攻击任务的作战分队</td><td rowspan="4">53</td><td rowspan="2">步战车</td><td>运输步兵能力</td></tr>
<tr><td>远程引导能力</td></tr>
<tr><td rowspan="3">重型坦克</td><td>行进间射击能力</td></tr>
<tr><td>夺控能力</td></tr>
<tr><td rowspan="4">作战任务为防守任务的作战分队</td><td rowspan="4">47</td><td>远程引导能力</td></tr>
<tr><td rowspan="3">步兵小队</td><td>夺控能力</td></tr>
<tr><td>守控能力</td></tr>
<tr><td>侦察能力</td></tr>
</table>

其中，包表示作战分队，包的标签为进攻任务“1”或防守任务“0”，每个包由{步战车，重型坦克，步兵小队}三个示例组成，步战车示例有两个特征{运输步兵能力，远程引导能力}，重型坦克示例有三个特征{行进间射击能力，夺控能力，远程引导能力}，步兵小

队示例有三个特征{夺控能力，守控能力，侦察能力}。

下面根据表 5.1 中数据结合专家知识经验进行敌方作战分队的作战任务预测的实验。

5.3.2　实验方案

针对敌方作战分队的作战任务预测问题，本小节构建的多示例遗传模糊系统主要包含两个方面：一是子模糊系统部分，因为由{步战车，重型坦克，步兵小队}三个示例组成，所以三个子模糊系统分别为步战车子模糊系统、重型坦克子模糊系统和步兵小队子模糊系统；由于实验数据体量小，为了更好地利用专家知识，使用 Mamdani 模糊系统分别对步战车、重型坦克和步兵小队三类示例进行建模。二是遗传训练部分，实验中多任务遗传模糊系统算法的训练对象为各子模糊系统数据库参数，即隶属度函数参数，规则库来自专家知识。

1. 确定变量、变量的模糊集合、隶属度函数及规则库

下面确定三个子模糊系统的变量、变量的模糊集合、隶属度函数和规则库。

以步战车子模糊系统为例，将步战车的“运输步兵能力”和“远程引导能力”作为步战车子模糊系统的输入变量，将“进攻任务的可能性”作为步战车子模糊系统的输出变量。

根据专家知识，输入变量“运输步兵能力”和“远程引导能力”的模糊集合都定义为{低，中，高}，输出变量“进攻任务的可能性”的模糊集合定义为{低，高}。

为了减小计算量，输入变量隶属度函数统一使用全交迭的三角形隶属度函数，输出变量隶属度函数使用标准的三角形隶属度函数。得到输入和输出变量隶属度函数如图 5.4 所示。

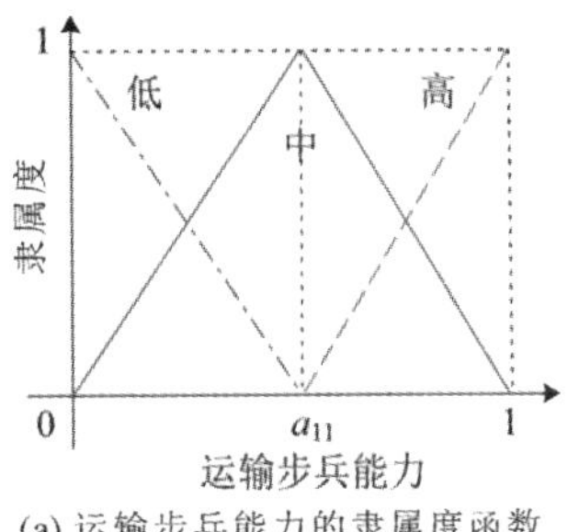

(a) 运输步兵能力的隶属度函数

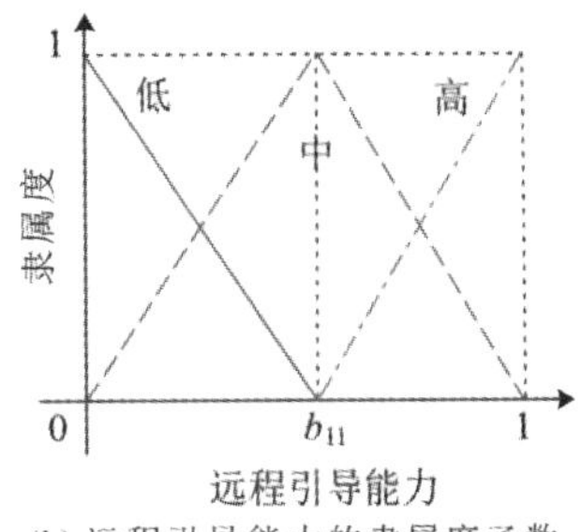

(b) 远程引导能力的隶属度函数

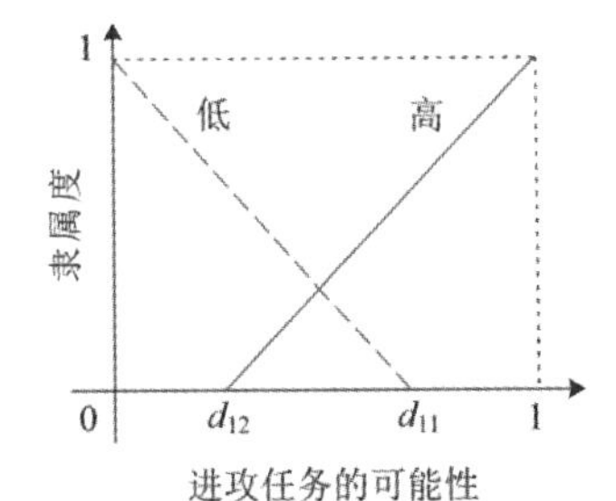

(c) 进攻任务的可能性的隶属度函数

图 5.4　步战车子模糊系统输入、输出变量的隶属度函数

其中，a_{11} 为运输步兵能力的隶属度函数参数，b_{11} 为远程引导能力的隶属度函数参数，

d_{11}和d_{12}为进攻任务的可能性的隶属度函数参数，参数a_{11}、b_{11}、d_{11}和d_{12}的取值范围皆为[0,1]。

根据兵棋专家的知识和经验，构建步战车子模糊系统规则库，如表 5.2 所示。

表 5.2 步战车子模糊系统规则库

进攻任务的可能性		远程引导能力		
		低	中	高
运输步兵能力	低	低	低	低
	中	高	低	低
	高	高	高	低

设计的三个子模糊系统(步战车子模糊系统、重型坦克子模糊系统和步兵小队子模糊系统)总结如表 5.3 所示。

表 5.3 三个子模糊系统

模糊系统	输入变量	输入变量隶属度函数个数	输出变量	输出变量隶属度函数个数	规则个数	参数个数
步战车子模糊系统	运输步兵能力	3	进攻任务的可能性	2	9	4
	远程引导能力	3				
重型坦克子模糊系统	行进间射击能力	3	进攻任务的可能性	2	27	5
	夺控能力	3				
	远程引导能力	3				
步兵小队子模糊系统	夺控能力	3	进攻任务的可能性	2	27	5
	守控能力	3				
	侦察能力	3				

2. 目标函数的设置

为了使三个子模糊系统的隶属度函数参数均朝着使其系统预测准确性增大的方向不断进化，实验中使用第t个子模糊系统的分类准确率作为第t个子模糊系统优化任务的目标函数，如下式所示：

$$f_t = \frac{n_{t(F_t(I_t;\theta_t)_i = y_i)}}{N_t} \tag{5.10}$$

其中，$F_t(I_t;\theta_t)_i$为将第i条样本数据输入到第t个子模糊系统计算得到的输出，y_i为第i条样本数据的标签，N_t 为输入到第 t 个子模糊系统的样本总数，$n_{t(F_t(I_t;\theta_t)_i=y_i)}$ 为将样本数据输入到第 t 个子模糊系统计算得到的输出与样本标签相等的样本数。

每个子模糊系统的推理结果通过朝目标函数变大的方向不断进化，不断逼近真实标签。

3. 遗传操作及参数设置

对作战任务预测多示例遗传模糊系统的三个子模糊系统的隶属度函数参数编码和解码采用 AOTMF-M-MTGFS 算法中的编码和解码方案。交叉方式包括任务内部交叉和跨任务交叉。进行任务内部交叉时，采用单点的交叉方式；采取跨任务交叉时，采取基于染色体的洗牌操作和基于洗牌操作的任务间偏差估计。交叉概率为 1，随机交配概率(*rmp*)设置为 0.3，偏差的估计的个体数为 5。变异方式使用高斯变异，变异概率设置为 0.8。高斯变异的均值设置为 0，方差设置为 0.5。选择方式根据个体的标量适应度进行选择。在进化过程中，种群规模设置为 100，每个子模糊系统优化任务的进化代数上限为 150。

5.3.3 实验结果分析

在训练数据上，利用 Python 语言对作战任务预测多示例遗传模糊系统进行仿真，在训练过程中，三个子模糊系统优化任务上最好的个体目标函数随遗传代数的变化曲线如图 5.5 所示。三个子模糊系统在测试集上的准确率及权重如表 5.4 所示，三个子模糊系统通过本章提出的加权平均和传统的取大函数两种结合方法结合后在测试集上的综合预测准确率如表 5.5 所示。

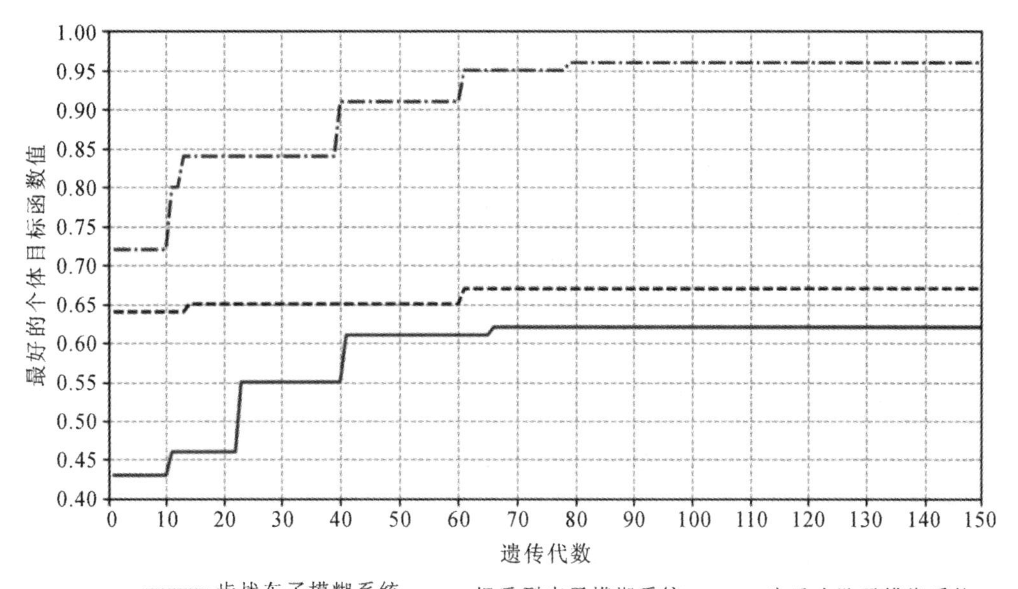

图 5.5　子模糊系统优化任务上最好的个体目标函数随遗传代数的变化曲线

表 5.4 子模糊系统在测试集上的准确率及权重

子模糊系统	准确率	权重
步战车子模糊系统	61%	0.21
重型坦克子模糊系统	62%	0.30
步兵小队子模糊系统	97%	1.38

表 5.5 加权平均和取大函数两种整合方法的综合预测准确率对比

子模糊集系统的整合方法	综合预测准确率
加权平均	97%
取大函数	93%

从上面实验结果可以得出如下结论：

(1) 多任务遗传模糊系统算法能成功完成多示例遗传模糊系统的训练。

在图 5.5 中，步战车子模糊系统在 65 代左右，最好个体的目标函数逐渐收敛至最大值 0.62；重型坦克子模糊系统在 60 代左右，最好个体的目标函数逐渐收敛至最大值 0.67；步兵小队子模糊系统在 80 代左右，最好个体的目标函数逐渐收敛至最大值 0.96。三个子模糊系统的最好个体的目标函数，随着遗传代数的增加不断朝着目标函数变大的方向演化，直至收敛至最大值，说明了借助多任务遗传模糊系统算法可以成功完成多示例遗传模糊系统的训练。

(2) 本章提出的加权平均结合方法，相比于传统的取大函数结合方法在解决子模糊系统结合问题上可以更有效、更依赖主要示例进行预测。

从表 5.4 中步兵小队子模糊系统预测准确率为 97%，相比步战车子模糊系统预测准确率 61%和重型坦克子模糊系统预测准确率 62%可以看出：步兵小队示例为主要示例，步战车示例和重型坦克示例为次要示例。从表 5.5 中加权平均结合方法 97%的综合预测准确率相比取大函数结合方法 93%的综合输出预测准确率可以看出：本章提出基于加权平均的多模糊系统结合方法相比于传统的取大函数结合方法在解决多示例学习问题上更有效、更依赖主要示例进行预测。

(3) 在具有少量数据的作战任务预测这个挑战性问题上，多示例遗传模糊系统能够利用专家知识，并以较好的预测效果解决该问题。

从表 5.5 中可看出：将训练好的步战车子模糊系统、重型坦克子模糊系统和步兵小队子模糊系统，使用本章提出加权平均进行结合，并在测试集上进行测试得到综合预测准确率为 97%，说明多示例遗传模糊系统能以 97%的准确率对作战任务进行预测，验证了多示例遗传模糊系统具有一定的可行性和实用性。

本 章 小 结

本章将遗传模糊系统引入多示例学习模型中，创新设计并实现了多示例遗传模糊系统，该系统为每一类示例定制了一个子模糊系统的分类器；引入加权平均的结合方式，实现了子模糊系统之间的解耦合，使得分开训练子模糊系统成为可能；同时，借助多任务遗传模糊系统算法，降低了同步训练包中所有示例分类器带来的时间和成本耗费问题。本章提出的模型继承了遗传模糊系统在建模专家知识方面的能力，在解决数据难以采集的作战意图识别问题时，具有较大优势。通过将该模型运用到兵棋推演中具有少量数据的作战任务预测实验案例中，展示了该模型可以有效整合专家知识和少量数据，并较好地解决了作战任务预测问题，验证了多示例遗传模糊系统的可行性和实用性。

第6章 基于遗传模糊树的多示例学习算法模型

本书提出的多示例遗传模糊系统，在解决具有高维数据的作战意图识别问题时，会由于遗传模糊系统规则库的维度灾难，造成训练耗时过长、成本过高的问题。遗传模糊树能够通过对复杂问题进行层次化分解，以达到降低遗传模糊系统规则库的规模和复杂程度的目的，如果能借助遗传模糊树构造多示例学习算法模型，有望在解决具有高维数据作战意图识别问题时，简化作战意图识别的复杂性、提升识别效率。

本章基于遗传模糊树研究解决作战意图识别的多示例学习算法模型，称为多示例遗传模糊树。首先，提出多示例遗传模糊树的定义和框架；然后，分别从面向多示例学习的遗传模糊树构建及多示例遗传模糊树训练两个方面进行具体实现；最后，通过将该模型运用到兵棋推演中具有高维数据的作战任务预测实验案例中，说明该模型的使用过程，并根据实验结果对多示例遗传模糊树进行分析和评价，并对本章研究内容进行总结。

6.1 多示例遗传模糊树框架设计

参考 1.2.4 节遗传模糊树的一般框架，结合多示例学习的特点，本节提出如图 6.1 所示的多示例遗传模糊树框架。

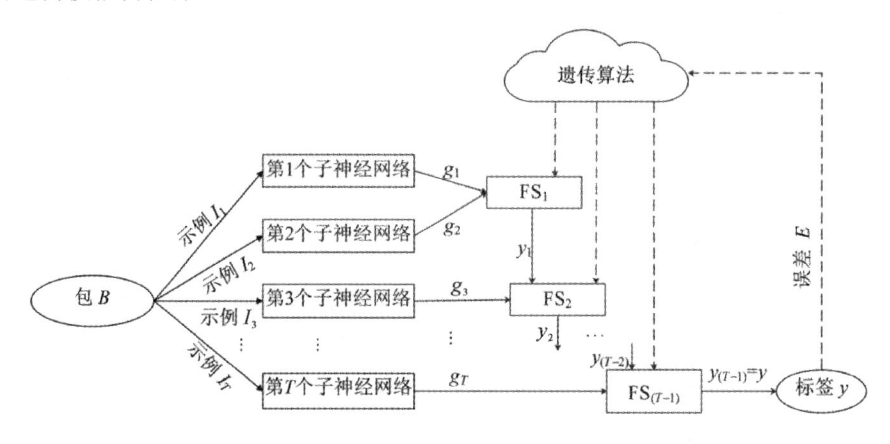

图 6.1 多示例遗传模糊树框架

将遗传模糊树的一般框架中的领域模型，替换成神经网络，即多示例遗传模糊树由神经网络和遗传模糊系统构成，其中，第 1 个子神经网络到第 T 个子神经网络为多示例遗传模糊树中使用的 T 个子神经网络，对应着 T 类示例 $I_1 \sim I_T$ 的输入，$O_1 \sim O_T$ 为 T 个子神经网络的输出，$FS_1 \sim FS_{(T-1)}$ 为多示例遗传模糊树中使用的 $(T-1)$ 个模糊系统，$y_1 \sim y_{(T-1)}$ 分别为模糊系统 $FS_1 \sim FS_{(T-1)}$ 的输出。当有一个包输入多示例遗传模糊树时，将包中示例输入对应的各自子神经网络中计算，得到子神经网络输出 $O_1 \sim O_T$ 后，再将输出 $O_1 \sim O_T$ 输入后面 $(T-1)$ 个模糊系统中合并计算。在合并时，使用多个遗传模糊系统代替式(5.1)中的取大函数。首先，将第 1 个子神经网络的输出 O_1 和第 2 个子神经网络的输出 O_2 一起作为模糊系统 FS_1 的输入，通过计算得到输出 y_1；然后，将 y_1 和第 3 个子神经网络的输出一起作为模糊系统 FS_2 的输入，以此类推；最后，将第 T 个子神经网络的输出 O_T 和第 $(T-2)$ 个模糊系统的输出 $y_{(T-2)}$ 输入模糊系统 $FS_{(T-1)}$ 中，进行计算得到最终的结果 y。综合考虑所有示例预测结果，实现了更加连续的结果整合方法，提高了预测精度。

在多示例遗传模糊树中，神经网络和遗传模糊系统分开进行训练：子神经网络利用包中示例数据和包的标签各自训练，使每个子神经网络对包的预测准确率达到最高；遗传模糊系统基于子神经网络对各示例的输出结果，使用遗传算法共同训练。

6.2 多示例遗传模糊树的实现

6.2.1 面向多示例学习的遗传模糊树构建

根据多示例学习的特点，本小节使用大量的遗传模糊系统和神经网络构建多示例遗传模糊树，其结构如图 6.2 所示。

其中，多示例遗传模糊树分为 T 层，子神经网络 $1 \sim T$ 为多示例遗传模糊树使用的 T 个神经网络，遗传模糊系统 $1 \sim (T-1)$ 为多示例遗传模糊树使用的 $(T-1)$ 个遗传模糊系统。$g_1 \sim g_T$ 为 T 个子神经网络的输出，$y_1 \sim y_{(T-1)}$ 分别为 $(T-1)$ 个遗传模糊系统的输出。多示例遗传模糊树构造步骤如下。

步骤 1：第 1 层由两个神经网络构成(神经网络 1 和神经网络 2，分别对应示例 I_1 和示例 I_2 的输入)，通过计算得到输出 g_1 和 g_2。

步骤 2：第 $t(1<t<T)$ 层由一个 I_2 遗传模糊系统和一个神经网络构成，遗传模糊系统有两个输入，即上一层神经网络的输出 g_t 和遗传模糊系统的输出 $y_{(t-2)}$，通过计算得到输出 $y_{(t-1)}$ 并作为下一层遗传模糊系统的输入；神经网络有一个输入，即示例 $I_{(t+1)}$，通过计算得到输出 $g_{(t+1)}$ 并作为下一层遗传模糊系统的输入。

步骤 3：第 T 层由一个遗传模糊系统构成，该遗传模糊系统的输入为 $y_{(t-2)}$ 和 g_t，通过计算得到输出 $y_{(t-1)}=y$ 为包的最终预测结果。

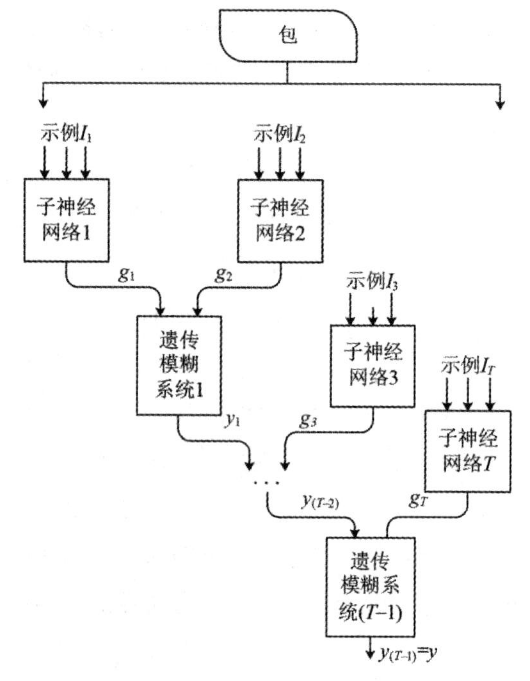

图 6.2 多示例遗传模糊树结构

其中，遗传模糊系统构造方式如下：

(1) 当 $t=2$ 时，遗传模糊系统的输入为 g_1 和 g_2，输出为 y_1，遗传模糊系统构造规则如下：

$$R_t^l: \text{If } g_1 \text{ is } A_1^l \text{ and } g_2 \text{ is } A_2^l, \text{then } y_1 \text{ is } B^l$$

其中，R_t^l 为第 t 个遗传模糊系统的规则库中第 l 条规则($l=1, \cdots, M$)；M 为模糊系统规则库规则数目；A_1^l 和 A_2^l 为规则前件的模糊集合；B^l 为规则后件的模糊集合。根据式(1.2)，得到该遗传模糊系统输出为

$$y_2 = \frac{\sum_{l=1}^{M} \bar{y}_1^l \left[\mu_{A_1^l}(g_1) \times \mu_{A_2^l}(g_2)\right]}{\sum_{l=1}^{M} \left[\mu_{A_1^l}(g_1) \times \mu_{A_2^l}(g_2)\right]} \tag{6.1}$$

(2) 当 $(2 < t \leqslant T)$ 时，遗传模糊系统的输入为 $y_{(t-2)}$ 和 g_t，输出为 $y_{(t-1)}$，遗传模糊系统构造规则如下：

$$R_t^l: \text{If } y_{(t-2)} \text{ is } A_1^l \text{ and } g_t \text{ is } A_2^l, \text{then } y_{(t-1)} \text{ is } B^l$$

根据式(1.2)，得到该遗传模糊系统输出为：

$$y_t = \frac{\sum_{l=1}^{M} \overline{y}_1^{\,l} \left[\mu_{A_1^l}(y_{(t-2)}) \times \mu_{A_2^l}(g_t) \right]}{\sum_{l=1}^{M} \left[\mu_{A_1^l}(y_{(t-2)}) \times \mu_{A_2^l}(g_t) \right]} \tag{6.2}$$

神经网络构造方式如图 6.3 所示。该神经网络是一个前馈神经网络，有 k 个输入单元对应示例 I_j 的 k 维属性值 $(I_{j,1}, I_{j,2}, \cdots, I_{j,k})^{\mathrm{T}}$，1 个隐含层和 1 个输出单元，输出单元对应输出 g_j，表示示例 I_j 对包的预测结果。激活函数使用 logistic 函数 $f(x) = 1/(1+e^{-x})$ 来获得 0～1 之间的输出值。

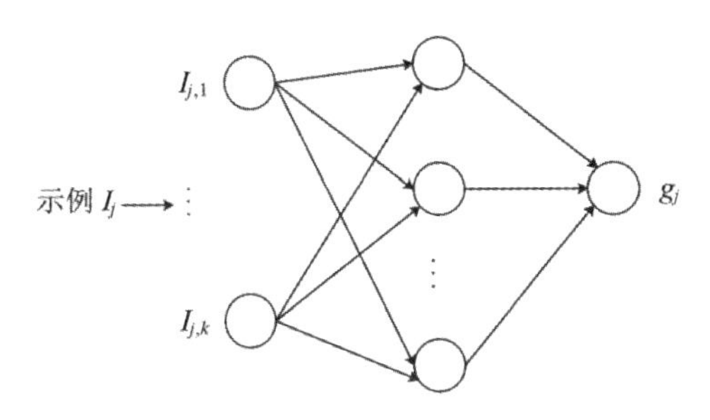

图 6.3　神经网络结构

综上，通过利用大量遗传模糊系统和神经网络构造出多示例遗传模糊树框架，借助了遗传模糊系统有效整合专家知识和数据的特点，神经网络强大的学习能力和良好的泛化能力，以及神经网络和遗传模糊系统构成独特的层级结构，可对作战意图识别问题进行层次化分解，更好地解决作战意图识别这个多示例学习问题。

6.2.2　多示例遗传模糊树训练

多示例遗传模糊树中使用了多个神经网络和多个遗传模糊系统，由图 6.2 所示的多示例遗传模糊树的结构可知，神经网络的输入来自包中示例，遗传模糊系统的输入来自上一层神经网络的输出和上一层遗传模糊系统的输出，所以本小节采用神经网络和遗传模糊系统分开训练的方式对多示例遗传模糊树进行训练，首先根据给定给的示例和包的标签数据对每个神经网络进行单独训练；然后将训练好的神经网络的输出和包的标签作为遗传模糊系统的训练数据对遗传模糊系统进行训练，由于遗传模糊系统之间具有关联性，因此对所有遗传模糊系统利用一个遗传算法共同训练，具体训练方式如下。

将多示例遗传模糊树中的每个子神经网络的分类损失函数定义为：

$$Loss_i(\hat{g}_i, y) = -y \ln \hat{g}_i - (1-y)\ln(1-\hat{g}_i) \tag{6.3}$$

其中，$Loss_i(\hat{g}_i, y)$ 为第 i 个子神经网络的损失函数，$\hat{g}_i$ 为将示例 i 输入第 i 个子神经网络计算后得到的输出，y 为包标签。

利用反向传播该损失对子神经网络的权重参数进行训练。完成子神经网络训练后，对多示例遗传模糊树中遗传模糊系统进行训练，构建遗传模糊系统的训练模型如下：

$$\arg\min_{\boldsymbol{\theta}_1,\boldsymbol{\theta}_2,\cdots,\boldsymbol{\theta}_{(T-1)}} e = E\left(\hat{y}_{(T-1)}, y\right) \tag{6.4}$$

其中，$\boldsymbol{\theta}_1,\boldsymbol{\theta}_2,\cdots,\boldsymbol{\theta}_{(T-1)}$ 为模型中第 1 个遗传模糊系统到第 $(T-1)$个遗传模糊系统的训练参数，e 为模型输出的误差，$\hat{y}_{(T-1)}$ 为第$(T-1)$个遗传模糊系统的输出，y 为包标签，$E(\bullet)$ 为误差函数。

为了训练出最优参数 $\boldsymbol{\theta}_1^*,\boldsymbol{\theta}_2^*,\cdots,\boldsymbol{\theta}_{(T-1)}^*$ 得到模型的最小误差 e^*，基于遗传算法构建求解框架，如图 6.4 所示。

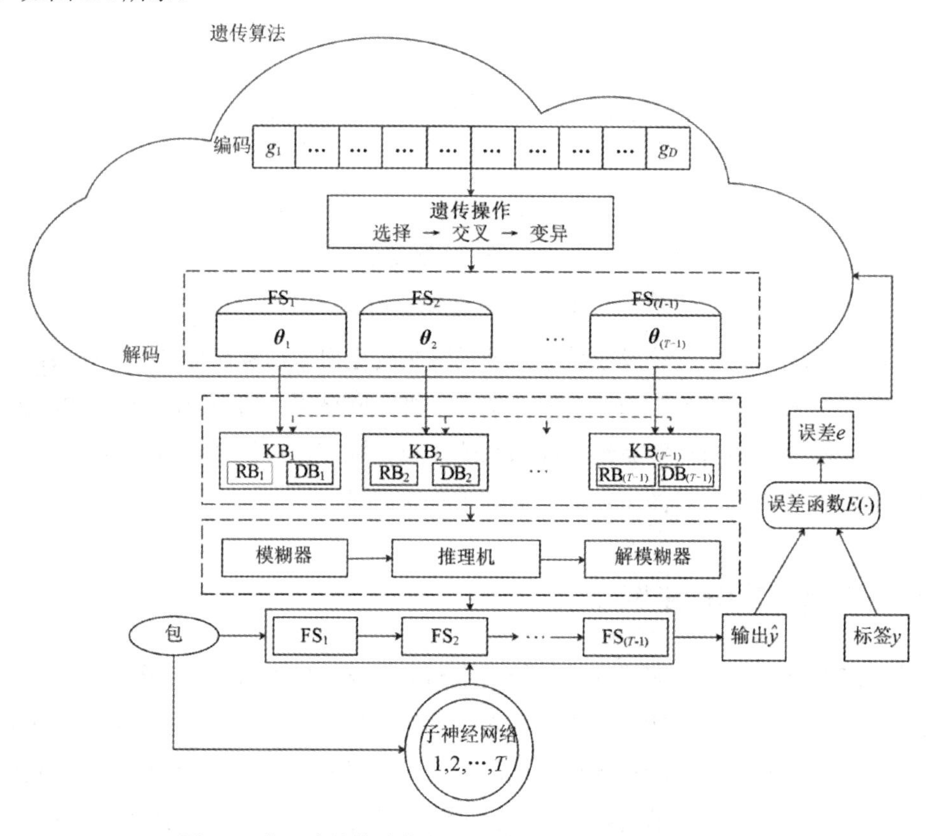

图 6.4　基于遗传算法的多示例遗传模糊树训练求解框架

首先对多示例遗传模糊树中使用的所有遗传模糊系统的参数(数据库参数：隶属度函数参数。规则库参数：规则的数量等)进行统一编码 $g_1, g_2, \cdots, g_D$，得到一组个体的种群；然后选择合适的选择、交叉、变异算子对编码个体进行对应遗传操作，将个体按照解码方案进行解码得到每个遗传模糊系统对应的参数$\boldsymbol{\theta}_1,\boldsymbol{\theta}_2,\cdots,\boldsymbol{\theta}_{(T-1)}$，再将参数传给对应的遗传模糊系统；最后，将包输入模型，通过$(T-1)$个遗传模糊系统和 T 个子神经网络的计算后，得到包的预测结果 $\hat{y}$。根据误差函数 $E(\cdot)$ 计算出误差e，并根据误差完成种群中个体的选择，将选择出来的个体组成新种群并返回到下一次循环中。通过使种群向着模型误差减小的方向不断进化，直至模型达到最小误差 e^*，从而得到$(T-1)$个遗传模糊系统最优参数 $\boldsymbol{\theta}_1^*,\boldsymbol{\theta}_2^*,\cdots,\boldsymbol{\theta}_{(T-1)}^*$，完成多示例遗传模糊树中遗传模糊系统的训练。

综上所述，分别从神经网络和遗传模糊系统两个部分完成相应模型的训练，从而完成整个多示例遗传模糊树的训练。

6.3 仿真实验

为了验证本章提出的多示例遗传模糊树相比第 5 章提出的多示例遗传模糊系统能够解决规则库的维度灾难问题，本节基于兵棋推演，将多示例遗传模糊树应用到带有高维数据集的敌方作战分队的作战任务的预测问题。

由第 5 章仿真实验可知，多示例遗传模糊系统可以成功应用于兵棋推演中敌方分队作战任务的预测问题，但由于规则库维度的限制，在实验中对实验数据进行了必要的预处理，得到了如表 5.1 所示的作战单元的作战能力数据，使得作战单元的属性状态由 10 维(机动值、车(班)数、导弹数量、装甲防护、地形、地貌、敌我双方兵力比、到夺控点距离、夺控点周围敌人兵力、观察范围)，降为 3 维(运输步兵能力、远程引导能力、行进间射击能力)。

所以，为了验证多示例遗传模糊树解决具有数据维度较大的作战意图识别的能力，在本小节实验中直接使用来自兵棋推演的高维数据集。表 6.1 中总结了兵棋推演数据信息。

表 6.1　兵棋推演数据

包(作战分队)	包的数量	示例	属性
作战任务为攻击任务的作战分队	300	步战车	机动值
			车(班)数
作战任务为防守任务的作战分队	300	重型坦克	导弹/炮数量
			装甲防护
			地貌
		步兵小队	地形
			敌我双方兵力比
			到夺控点距离
			夺控点周围敌人兵力
			观察范围

下面根据表 6.1 中数据结合多示例遗传模糊树进行敌方作战分队的作战任务预测的实验。

6.3.1 实验方案

针对敌方作战分队的作战任务预测问题，构建的作战任务预测多示例遗传模糊树主要包含两个部分：一是神经网络部分，因为由{步战车，重型坦克，步兵小队}3 个示例组成，所以为每个示例分别定制 1 个子神经网络，用于示例的初步分类；二是模糊系统部分，3 个示例分别经过 3 个神经网络会得到 3 个示例的输出，所以使用 2 个 Mamdani 模糊系统完成示例的输出结合。神经网络和模糊系统分开训练、共同预测，其中每个子神经网络利用示例数据和包的标签单独训练，2 个模糊系统利用神经网络输出数据和包的标签共同训练。

1. 神经网络部分

1) 参数设置

结合表 6.1 所示兵棋推演数据的特点，共设计三个子神经网络：步战车子神经网络、重型坦克子神经网络和步兵小队子神经网络，每个网络包含 10 个输入神经元，对应着每个示例的 10 维属性向量；1 个输出神经元；1 个隐藏层包含 15 个神经元，学习率设置为 0.02，迭代次数为 2000 代。

2) 主要示例选择

由于下一步实验中模糊系统的规则库需要根据决定包正负性不同程度的主要、次要示例来构造，因此在神经网络部分需要完成对主要示例的选择。表 6.2 显示了 3 个训练后的子神经网络在测试集上的准确率。

表 6.2 3 个训练后的子神经网络在测试集上的准确率

子神经网络	准确率
步战车子神经网络	81%
重型坦克子神经网络	80%
步兵小队子神经网络	94.5%

其中，步战车子神经网络的准确率为 81%，重型坦克子神经网络的准确率为 80%，步兵小队子神经网络的准确率为 94.5%，根据准确率对比可知步兵小队为包中主要示例，步战车和重型坦克为包中次要示例。接下来根据主、次示例进行模糊系统部分的构建。

2. 模糊系统部分

1) 确定变量、变量的模糊集合、隶属度函数及规则库

在模糊系统部分中一共包含两个模糊系统，这里称为模糊系统 1 和模糊系统 2，模糊系统 1 处理来自步战车子神经网络的输出 g_1 和重型坦克子神经网络的输出 g_2，输出为 y_1；模糊系统 2 处理来自模糊系统 1 的输出 y_1 和步兵小队子神经网络的输出 g_3，输出为 y_2。

将“步战车子神经网络的输出值的大小”和“重型坦克子神经网络的输出值的大小”作为模糊系统 1 的输入变量，“进攻任务的可能性”作为模糊系统 1 的输出变量。将“步兵小队子神经网络输出值的大小”和“模糊系统 1 输出的进攻任务的可能性”作为模糊系统 2 的输入变量，“进攻任务的可能性”作为模糊系统 2 的输出变量。根据专家知识，将上述 5 个模糊变量的模糊集合定义为{小，中，大}，隶属度函数统一使用全交迭的三角形隶属

度函数，得到模糊系统 1 的输入和输出变量的隶属度函数如图 6.5 所示，模糊系统 2 的输入和输出变量的隶属度函数如图 6.6 所示。

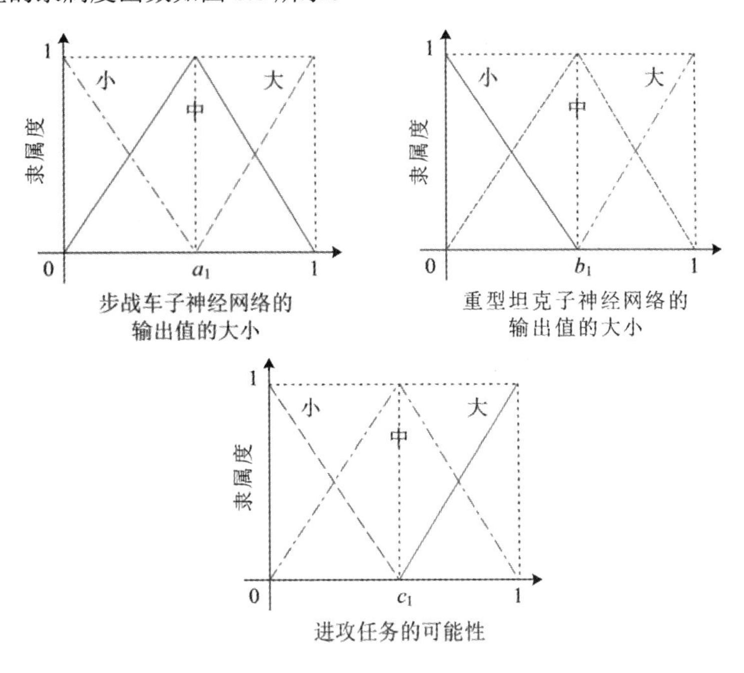

图 6.5　模糊系统 1 输入和输出变量的隶属度函数

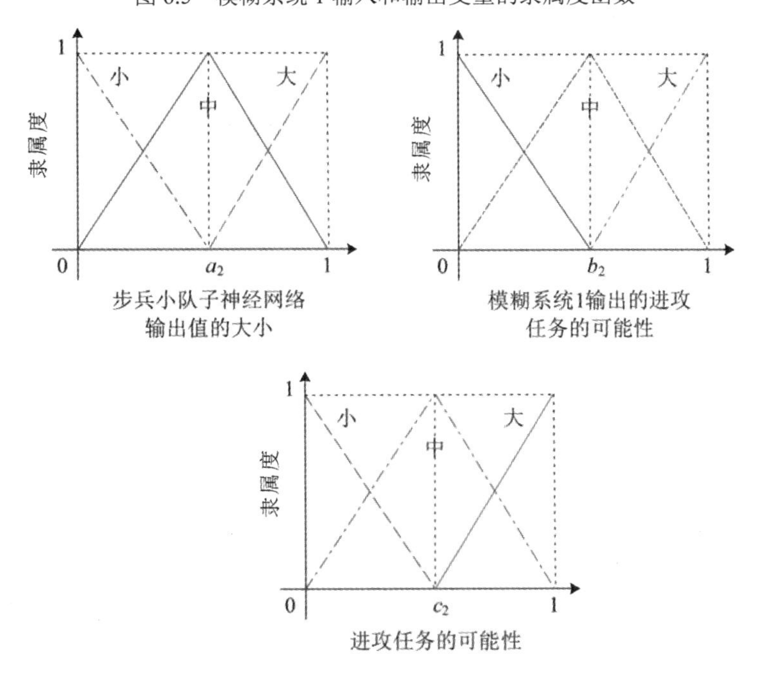

图 6.6　模糊系统 2 输入和输出变量的隶属度函数

图 6.6 中，a_1、b_1 和 c_1 是模糊系统 1 的输入和输出变量隶属度函数的参数，a_2、b_2 和 c_2 是模糊系统 2 的输入和输出变量隶属度函数的参数，所有参数的取值范围均

为[0, 1]。

由表 6.2 中三个子神经网络在测试集上的准确率得到包中主要示例为步兵小队、次要示例为步战车和重型坦克，结合主、次示例，根据专家知识和经验构建模糊系统 1 的规则库和模糊系统 2 的规则库分别如表 6.3 和表 6.4 所示。

表 6.3 模糊系统 1 的规则库

<table>
<tr><td colspan="2" rowspan="2">进攻任务的可能性</td><td colspan="3">步战车子神经网络的输出值的大小</td></tr>
<tr><td>小</td><td>中</td><td>大</td></tr>
<tr><td rowspan="3">重型坦克子神经网络的输出值的大小</td><td>小</td><td>小</td><td>小</td><td>小</td></tr>
<tr><td>中</td><td>小</td><td>小</td><td>中</td></tr>
<tr><td>大</td><td>中</td><td>中</td><td>大</td></tr>
</table>

表 6.4 模糊系统 2 的规则库

<table>
<tr><td colspan="2" rowspan="2">进攻任务的可能性</td><td colspan="3">步兵小队子神经网络输出值的大小</td></tr>
<tr><td>小</td><td>中</td><td>大</td></tr>
<tr><td rowspan="3">模糊系统 1 输出的进攻任务的可能性</td><td>小</td><td>小</td><td>小</td><td>大</td></tr>
<tr><td>中</td><td>中</td><td>中</td><td>大</td></tr>
<tr><td>大</td><td>大</td><td>大</td><td>大</td></tr>
</table>

将设计的模糊系统 1 和模糊系统 2 总结如表 6.5 所示。

表 6.5 模糊系统 1 和模糊系统 2

<table>
<tr><td colspan="2">输入变量</td><td>输入变量隶属度函数个数</td><td>输出变量</td><td>输出变量隶属度函数个数</td><td>规则个数</td><td>参数个数</td></tr>
<tr><td rowspan="2">模糊系统 1</td><td>步战车子神经网络的输出值</td><td>3</td><td rowspan="2">进攻任务的可能性</td><td rowspan="2">3</td><td rowspan="2">9</td><td rowspan="2">3</td></tr>
<tr><td>重型坦克子神经网络的输出值</td><td>3</td></tr>
<tr><td rowspan="2">模糊系统 2</td><td>步兵小队子神经网络输出值</td><td>3</td><td rowspan="2">进攻任务的可能性</td><td rowspan="2">3</td><td rowspan="2">9</td><td rowspan="2">3</td></tr>
<tr><td>模糊系统 1 输出的进攻任务的可能性</td><td>3</td></tr>
</table>

2) 目标函数

包中示例数据通过 3 个子神经网络计算后，将得到的子神经网络输出，输入对应模糊系统 1 和模糊系统 2 中，通过共同计算得到的最终输出与包的标签对比的准确率作为模糊系统 1 和模糊系统 2 优化任务的目标函数，如下式所示：

$$f_{\text{objective}} = \frac{n_{(\hat{y}=y)}}{N} \tag{6.5}$$

其中，$\hat{y}$ 为将包输入作战任务预测多示例遗传模糊树计算得到的输出；y 为包的标签；N 为输入多示例遗传模糊树包的总数；$n_{(\hat{y}=y)}$ 为将包输入多示例遗传模糊树计算得到的输出与包标签相等的包的个数。

让模糊系统 1 和模糊系统 2 的联合推理结果能够朝着目标函数增大方向演化，不断逼近真实标签。

3) 遗传操作及参数设置

使用遗传算法对模糊系统 1 和模糊系统 2 的参数 a_1、b_1、c_1、a_2、b_2 和 c_2 进行训练，根据目标函数对个体进行评价、选择，交叉方式选择单点交叉，变异算子选择高斯变异，运行参数如表 6.6 所示。

表 6.6　遗传算法运行参数

参数变量	值
种群规模	100
迭代次数	100
交叉概率	0.9
变异概率	0.5
高斯变异均值	0
高斯变异方差	0.5

6.3.2 实验结果分析

在训练数据上，利用 Python 语言对作战任务预测多示例遗传模糊树进行仿真，主要示例步兵小队的子神经网络的准确率，子神经网络和模糊系统对包综合预测准确率，以及取大函数对示例输出结合方法的准确率。对比结果如表 6.7 所示。

表 6.7　不同方法预测准确率

方　法	预测准确率
步兵小队子神经网络	94.5%
多示例遗传模糊树	97.5%
取大函数对示例输出结合	95%

从上面的实验结果可以得出如下结论：

(1) 对于带有高维数据集的作战任务预测问题，多示例遗传模糊树能以 97.5%的准确率对敌方未知作战任务进行预测，说明了多示例遗传模糊树可以解决数据维度过高带来的规则库维度灾难问题，同时可以以较好的预测效果对作战任务预测问题进行解决，验证了多示例遗传模糊树的可行性和实用性。

(2) 多示例遗传模糊树在测试集上的预测准确率为97.5%，相比步兵小队子神经网络的预测准确率94.5%和取大函数对示例输出结合方法的预测准确率95%，说明多示例遗传模糊树在解决多示例学习问题上效果更好，验证了多示例遗传模糊树的有效性。

本章小结

本章将遗传模糊树引入多示例学习中，设计并实现了多示例遗传模糊树，该模型中借助了大量的神经网络和遗传模糊系统，为每一类示例定制一个子神经网络进行预测，然后使用多个遗传模糊系统逐步完成示例预测结果的整合。采用每个子神经网络单独训练、所有遗传模糊系统共同训练的训练方式解决神经网络和遗传模糊系统数量过多带来的训练时间和成本耗费问题。通过将多示例遗传模糊树应用于带有10维初始特征的兵棋推演的敌方作战分队的作战任务预测问题，并与第5章使用3维聚合特征的仿真实验对比，证明了该模型在应对数据维度特别大的作战意图识别问题时，具有较大优势，验证了该方法具有较好的实用性和有效性。

第 7 章 基于遗传模糊系统的迭代式知识迁移方法

目标重识别能够将行人检测技术与行人跟踪技术相结合，以弥补人脸识别在固定的摄像头中的视觉局限，在智能视频监控和智能安保等领域发挥重要的作用。在目标重识别问题中如何高效地利用轨迹信息中的人类知识，也是棘手的问题。本章考虑利用模糊系统搭建人类知识，提出融合人类知识的无监督迁移学习优化模型，在不断迭代的过程中实现目标识别的分类。

7.1 基于人类知识的无监督迁移学习模型

大多数时候目标的行动有明确的目的，行动的轨迹通常遵循某种特定的规律，这些轨迹中隐含的人类知识，可以视为视觉特征之外的重要线索，并以此来区分不同的目标。因此，本章尝试迁移无标签目标数据集中视觉信息以外的人类知识，从而促进深度神经网络在无标签目标数据集中的识别效果。

像大多数传统的目标重识别算法一样，模型中的深度神经网络分类器(本章将在有标签源数据集 Φ_s 上学习的深度神经网络分类器叫作分类器 $\mathcal{D}$，如图 7.1 所示，下文相同)在常见的小规模公开数据集上监督学习，以初始化网络参数。虽然可以将训练后的分类器 $\mathcal{D}$ 直接应用到无标签目标数据集 Φ_t 上，但由于 Φ_s 和 Φ_t 之间的差异显著，它可能出现在现实世界是同一个人，分类器 $\mathcal{D}$ 识别为不同人的正误差 $E_p=\left(\Upsilon(S_i)=\Upsilon(S_j)\,|\,S_i\neq_D S_j\right)$，也可能出现在现实世界是不同的人，分类器 $\mathcal{D}$ 识别为相同人的负误差 $E_n=\left(\Upsilon(S_i)\neq\Upsilon(S_j)\,|\,S_i\simeq_D S_j\right)$。正、负识别误差往往会迷惑分类器 $\mathcal{D}$，导致其性能较差。由于无标签的目标数据集中除了视觉信息外，还有可利用的非视觉信息，因此可以尝试通过行人在摄像头之间的轨迹信息(非视觉信息)纠正分类器 $\mathcal{D}$ 的识别误差。在现实世界中的一些真实数据集上，如 Market-1501(Zheng et al., 2015)，CUHK-01(Li& Wang, 2013)等包含大量的图像信息，这些图像信息是由大规模摄像机网络收集的真实世界的行人图像，如图 7.1 中的原数据集

(Source Dataset)和目标数据集(Target Dataset)。这些数据集在保留了原有图像信息的基础上，还存在一些拍摄图像的时间，以及拍摄图像对应的摄像机编号等信息。可以利用这些信息，从时间(拍摄图像时间)和空间(摄像机编号)的关系上，提升目标重识别的效果。如何有效地将无标签的目标数据集上的人类知识迁移到分类器 D 中，进而提升识别效果，是本章需要解决的问题。

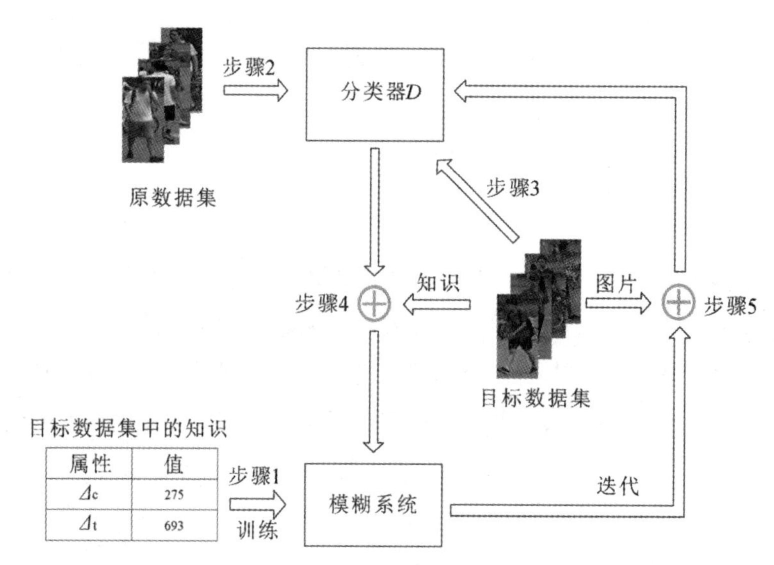

图 7.1　基于模糊系统的迁移学习模型框架

本章提出一种基于模糊系统的人类知识迁移框架，能够利用无标签目标数据提升分类器 D 的识别效果。将模糊系统与分类器 D 相结合，采用迭代的方式，使用由人类知识构建的模糊系统不断优化整个框架模型的性能。该框架模型的结构如图 7.1 所示，主要步骤如下。

步骤 1：模糊系统参数优化。在这个初始化的预训练步骤中，模型通过无标签目标数据集中可利用的人类知识搭建模糊系统。依靠领域专家多年积累的经验，并合理利用无标签数据集上的非视觉信息，如行人轨迹，优化模糊系统参数，得到一个人类知识框架，以引导接下来的步骤中分类器 D 的优化。

步骤 2：训练分类器 D。此步骤是对分类器 D 的初始化。采用监督学习的方式在规模较小的有标签源数据集上训练分类器 D，得到初始化的网络参数。由于直接跨数据集识别目标可能导致分类结果较差，因此在接下来的步骤中对分类器 D 进一步优化，以处理更大的无标签的目标数据集。

步骤 3：目标数据集识别结果预测。在这一步骤中，将训练好的分类器 D 直接应用到无标签目标数据集中，初步实现跨数据集的目标识别。由于标签源数据集和无标签目标数据集之间的差异，分类器 D 在无标签目标数据集中的识别结果存在误差，因此考虑引入人类知识经验指导模型，从而加强分类器 D 的识别效果。

步骤 4：利用人类知识提升识别效果。当同时拥有分类器 D 的初步识别结果和无标签数据集中可利用的人类知识时，本章提出融合人类知识的深度神经网络模型。模型将分类器 D 的初步识别结果作为人类知识经验的一种参考属性融合到模糊系统中，依靠人类知识经验对分类器 D 的初步识别结果重新计算目标的匹配相似度。这也意味着，将训练好的模糊系统和分类器 D 进行深度结合，从而提升目标数据的识别效果。

步骤 5：迭代优化分类器 D。在这一步骤中，采用迭代的方式对分类器 D 进一步优化。给定任意图像 S，根据融合模型的匹配相似度排名，将与 S 相似度最高的分类结果以标签的形式反馈回分类器 D，并对照标签修改分类器 D 的网络参数，使分类器 D 在下一次目标识别中实现更精确的识别结果。

整个框架模型通过不断重复步骤 3～步骤 5 实现更新迭代优化，直到迭代次数达到给定的阈值或分类器的性能收敛。这样，分类器 D 的每次输出结果比上一次输出都有一定程度的识别误差纠正，可以认为分类器 D 在不断迭代过程中实现了优化。

接下来，对融合人类知识的深度神经网络模型进行设计和实现。

7.2 基于人类知识的无监督迁移学习模型的设计

本节具体介绍了人类知识指导深度神经网络模型优化的设计过程；利用目标数据集中的人类知识搭建模糊系统，并使用遗传算法对模糊系统参数进行优化；介绍将分类器 D 和利用人类知识搭建的模糊系统相结合的方法。

7.2.1 人类知识的模糊系统建模

为了更有效地利用人类知识对分类器 D 进一步优化，需要搭建可以充分利用人类知识指导分类器 D 优化的模糊系统。

1. 模糊系统建模

如图 7.1 中步骤 4，当同时拥有分类器 D 的初步分类结果和无标签数据集中的非视觉信息时，如何有效地利用非视觉信息对分类器 D 进一步优化是本章关注的重点。一些真实公开的数据集中，含有大量可利用的非视觉信息，如速度、时间、距离、性别、衣服颜色等，这些知识很难通过常见的无监督学习算法学习得到，或者通过这些信息，一般的深度神经网络并不能达到预期的效果。作为人类专家系统的代表，模糊系统可以利用专家知识处理复杂的非线性问题，在具有较高精确性的同时，也具有一定的可解释性。其中，Mamdani 模糊系统(Cordón, 2011)参数更加简明，更有利于参数的优化，在后续工作中还能使框架模型收敛更快，提高运行效率。

对于无标签目标数据集中的图像对 S_i 和 S_j ，模糊系统提取图像对的非视觉信息差，作为输入数据 $\varDelta$，如图 7.2 所示。模型中 $\varDelta$ 是由分类器 $\mathcal{D}$ 的初步识别结果，对应拍摄时间差及对应摄像头距离差构成的数据集。当然，针对不同的现实问题会根据不同的人类知识选择不同的输入数据，以便搭建不同的模糊规则。模糊系统通过 $\varDelta$ 中包含的人类专家知识(见下文模糊规则的举例)搭建模糊规则，对分类器 $\mathcal{D}$ 的初步识别结果重新评估相似度得分 P。

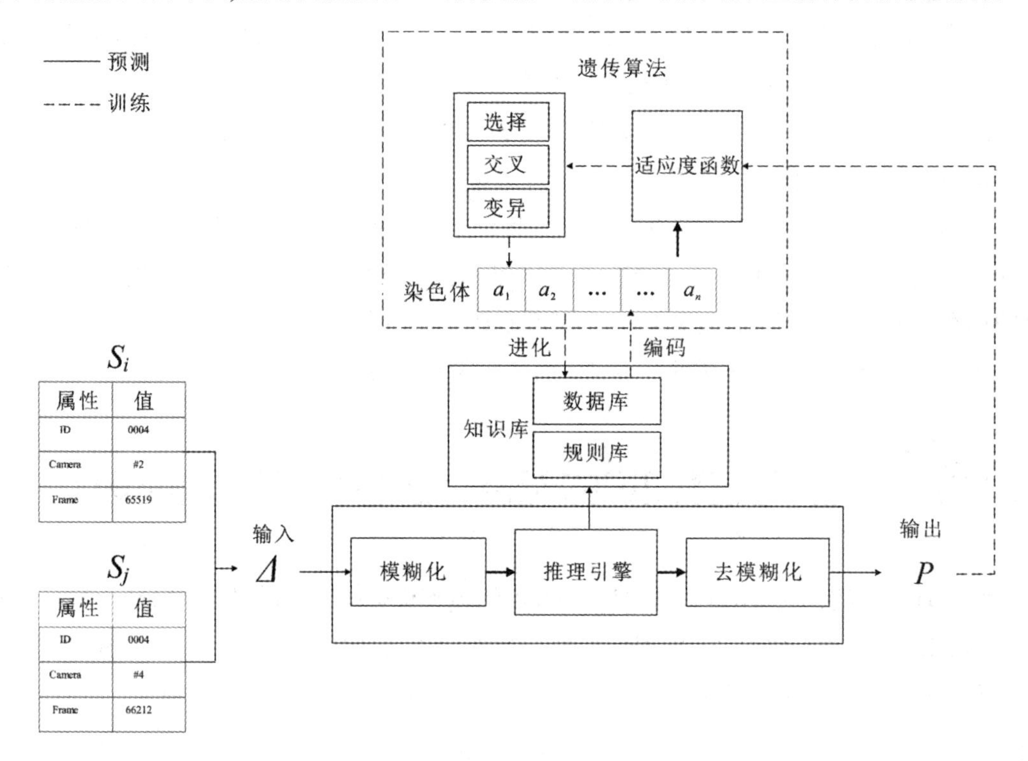

图 7.2 具有优化能力的遗传模糊系统

针对目标重识别任务中的人类知识搭建模糊规则。正常行人在较短的时间内，移动的距离过大，摄像头拍摄的图像几乎不可能是同一个人，符合正常逻辑的判断。根据类似的人类知识，本小节将图像对的初始相似度、拍摄时间差以及对应摄像头距离作为规则前件，将最终相似度作为规则后件，搭建多条模糊规则。以下面这一条规则为例：

如果两张图像初始相似度是中，对应摄像头距离是远，拍摄时间差是短，那么两张图像最终相似度是很低。

上述模糊规则中前件对应的模糊集合如下：图像对初始相似度对应的模糊集合为“低、中、高”(A_1 = {low，medium，high})，摄像头之间的距离对应的模糊变量对应的模糊集合为“近、中、远”(A_2 = {near，middle，far})，两张图像的时间差对应的模糊变量对应的模糊集合为“长、中、短”(A_3 = {short，middle，long})；后件为输出两张行人图像的相似度得分，对应的模糊集合为“很低、低、中、高、很高”(B_1 = {lowest，low，medium，high，highest})。

隶属度函数可以将模糊集合中的模糊表示映射到清晰的坐标系中，更精确地表示模糊变量的隶属关系。图 7.3 为最终输出相似度得分的模糊集合对应的全交迭三角形隶属度函数。由于全交迭三角形隶属度函数参数个数少，收敛速度快，参数之间的大小关系表示更方便，因此本小节选择全交迭三角形隶属度函数表示每个模糊集合。全交迭三角形隶属度函数的每个隶属度函数均为三角模糊数(不同线型代表不同三角模糊数)，且每个三角形的底边端点恰好是相邻两个三角形的中心点。如果分别使用三个参数表示三角模糊数的左端点、中心点和右端点，那么对于具有 m 个隶属度函数的模糊变量，所需隶属度函数参数的个数为 $m-2$。例如，图 7.3 中有 5 个隶属度函数，那么隶属度函数参数的个数为 3 个(μ_1、μ_2、μ_3)。需要注意的是，使用全交迭三角形隶属度函数时，不同的隶属度函数参数之间互不相等且满足一定的大小关系：$0<\mu_1<\mu_2<\mu_3<1$。

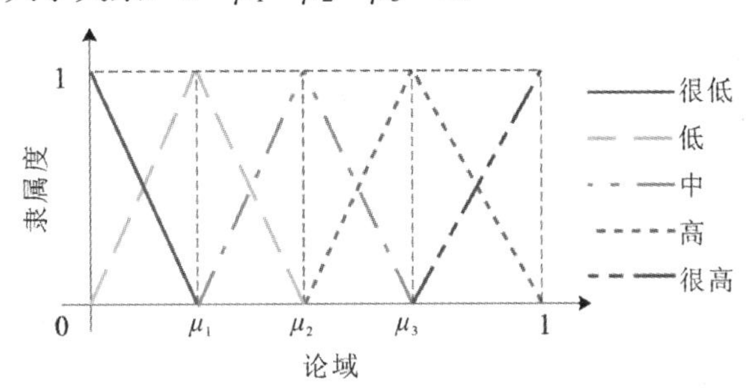

图 7.3　全交迭三角形隶属度函数

完善的隶属度函数参数，不仅可以提高模糊系统的精确度，而且可以使模型收敛得更快。选择更合适的隶属度函数适配模型至关重要。仅依靠数据集中的人类知识，由专家直接提供的参数不一定十分适用规则的推理。为了充分利用人类知识，得到推理更为准确的模糊系统，对模糊系统中隶属度函数参数进行训练是必然选择。

2. 基于遗传算法的模糊系统参数优化

遗传模糊系统如图 7.2 所示，它将遗传算法中的基因直接对应到 Mamdani 模糊系统的隶属度函数参数，对模糊系统进行优化。遗传模糊系统在利用模糊系统对专家经验进行初步建模的基础上，使用遗传算法，进一步增强模糊系统的学习能力和适应能力，提高推理结果的准确性。现有文献中，遗传模糊系统主要有遗传调优和遗传学习两种，本小节主要对隶属度函数参数进行学习和调优。

与模糊系统指导分类器 D 阶段不同，模糊系统参数优化阶段并没有预先得到分类器 D 对图像对的初步识别结果。因此，需要充分利用无标签目标数据集上的人类知识对模糊系统的参数进行优化。目标重识别任务中，摄像机排列具有一定的拓扑结构，行人在不同摄像机之间移动的时间间隔通常遵循特定的模式，这些人类知识都可以为图像识别提供非视觉线索。但由于只有人类知识的支持而没有分类器 D 的初步分类结果，因此需要在规则库中做出一些调整。本小节对摄像头距离、拍摄时间差和模糊系统输出图像相似度三个模糊集合中的模糊变量进行学习和优化，提供如下模糊规则：

如果拍摄图像对应摄像头距离是近，拍摄时间差是短，那么图像相似度就是高。

针对模糊系统中的模糊变量和隶属度函数特点的遗传优化，是遗传算法独特的优化特点，根据任务需要进行编码、解码、适应度函数计算等操作。

(1) 编码。由于不同的输入变量所需的隶属度函数参数个数可能不同，因此为了避免模糊系统的复杂性所带来维度灾难，本小节针对 Mamdani 模糊系统中的模糊变量和隶属度函数的特点，设计如下编码方式：每个个体包含多个染色体 $C=\{c_1,c_2,\cdots,c_n\}$，$i=1,\cdots,n$，每个染色体 c_i 对应模糊系统中的一个模糊变量 V；每个染色体 c_i 由一串基因序列组成 $G=\{g_1,g_2,\cdots,g_k\}$，$i=1$, …, k，且每一个基因 g_i 对应模糊变量的一个隶属度函数参数 $\mu=\{\mu_1,\mu_2,\cdots,\mu_m\}$，$i=1$, …, m，如图 7.3 中的 μ_1、μ_2、μ_3。

图 7.4(a)展示了遗传算法的编码方式。根据全交迭三角形隶属度函数与所需参数的对应关系，以及上述编码方式，个体中不同的字母表示不同的染色体(μ_1、μ_2、μ_3)，对应不同的模糊变量；不同的下标代表该染色体基因对应隶属度函数参数的个数以及参数的位置；通过对基因序列的对应关系，形成最终编码后的个体。

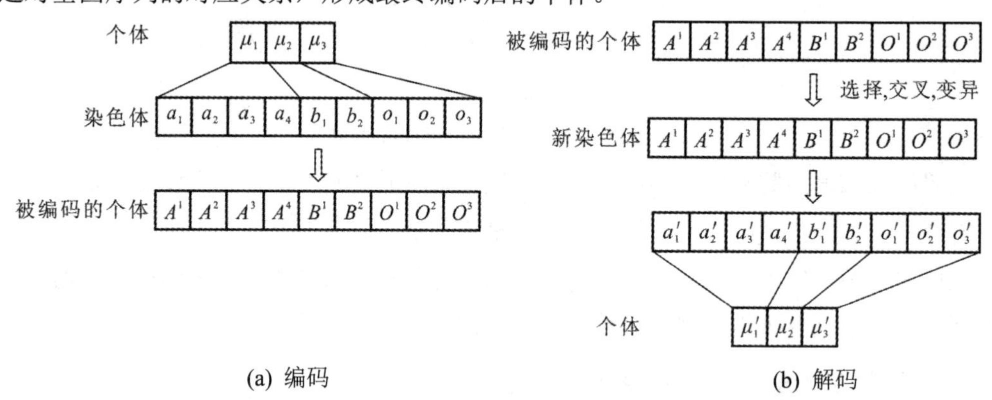

图 7.4 编码和解码

(2) 解码。编码后的基因序列需要向隶属度函数参数的实值空间转换，因此需要进行解码操作。解码根据个体对应的任务，对基因序列进行选择、交叉、变异等操作得到新的基因序列。通过新的基因序列按照先解码得到输入变量、后解码得到输出变量的顺序，在染色体中取所需长度的基因数，对应排列并拼接染色体后，就可以得到解码后的个体。解码后，个体中染色体内的基因序列就是模糊系统中对应模糊变量从左到右的隶属度函数参数。

如图 7.4(b)所示，大写字母序列为待解码个体。对待解码个体进行选择、交叉、变异等操作形成新的基因序列，其中基因 $A^{3'}$ 代表该基因位发生了变异。新基因序列按照先取输入变量、后取输出变量的顺序对应取值，即为解码后的个体。

(3) 适应度函数计算。为了使模糊系统的隶属度函数参数均朝着增强系统推理准确性的方向不断进化，需要在适应度函数中对每个个体进行适应度评价。如图 7.2 虚线框中，模糊系统的输出 S 作为返回值反馈到适应度函数中，遗传优化操作通过选择、交叉、变异不断改变个体的基因型，将新的基因序列对应的隶属度函数参数再反馈回模糊系统，对比模糊系统的输出值 S 与目标值，找出局部最优个体。整个遗传优化过程经过不断迭代优化筛选出最优个体。遗传算法迭代的次数通过阈值的设定来保证，在得到较优的个体的同时，收敛得更快，从而得到更优的遗传模糊系统模型。

7.2.2　深度神经网络与模糊系统的融合

常见的目标识别算法大多是将深度神经网络直接应用到无标签数据集中。通过深度神经网络直接在少量的标签数据中训练，在另一个无标签数据集中达到更优的分类结果，这几乎是不可能的。如图 7.5 所示，本小节将在标签源数据集中训练的分类器 D 迁移到无标签的目标数据集中，并通过优化后的模糊系统的输出值，以标签的形式指导分类器 D 的优化。

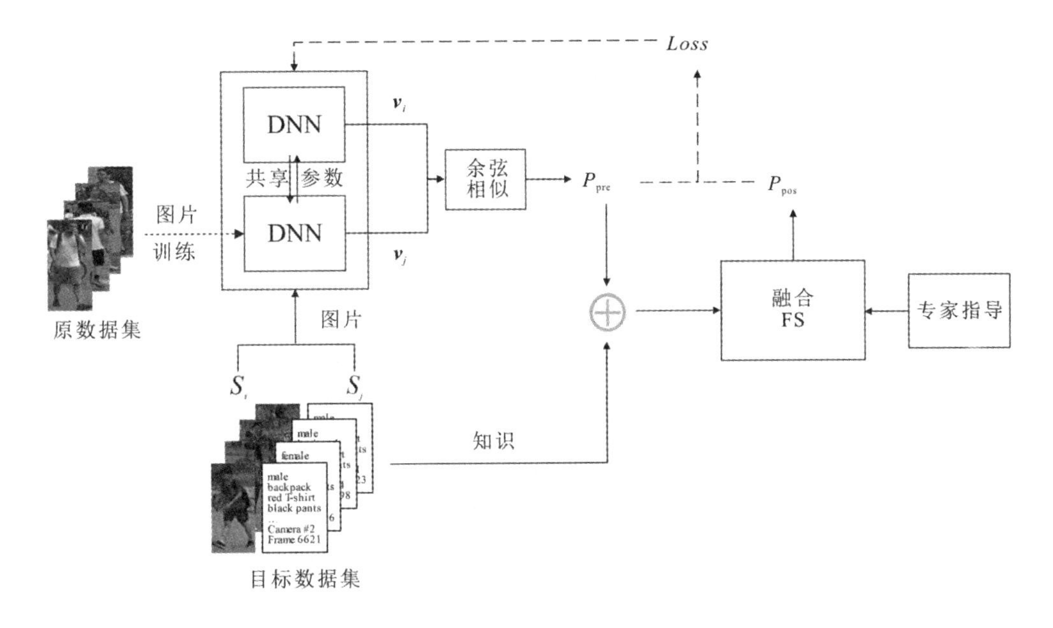

图 7.5　模型的交互

1. 分类器 D

如图 7.1 中步骤 1 所示，视觉分类器 D 在标签源数据集上监督学习，通过分类器 D 的输出给定两张输入图像的匹配相似度。合适的参数可以使分类器 D 具有更好的识别效果，本小节选择残差网络(ResNet-50)(Lv et al., 2018)作为分类器 D 的主要组成部分，它可以更好地利用标签信息，在图像数据集上表现出更好的性能。图 7.5 中，视觉分类器 D 由两个并行的残差网络(ResNet-50)构成，从两张输入图像中提取视觉特征，并展平为两个一维向量 $\boldsymbol{v}_i$、$\boldsymbol{v}_j$。为了方便训练参数，模型只对一个 ResNet-50 在小规模标签数据集上监督学习，两个 ResNet-50 共享相同的网络参数。

当分类器 D 执行目标重识别任务时，给定图像 S_i 和 S_j，分类器 D 对两个 ResNet-50

提取特征向量$\boldsymbol{v}_i$和$\boldsymbol{v}_j$，对应图像S_i和S_j的识别结果被表示为两个特征向量的余弦相似度：

$$P_{\text{pre}}=\frac{\boldsymbol{v}_i\cdot\boldsymbol{v}_j}{\|\boldsymbol{v}_i\|_2\|\boldsymbol{v}_j\|_2} \tag{7.1}$$

这里，P_{pre}的值越大，被判断的两张图像包含同一个人的可能性越高。在无标签目标数据集中，分类器$\mathcal{D}$可以对任意一对图像进行粗略的判断，得到初步的识别结果P_{pre}。

2. 利用模糊系统提升预测准确度

除了分类器$\mathcal{D}$可以提供任意两张图像的相似度得分外，数据集外的人类知识在提高模型分类精确度的任务中扮演重要的角色。本小节将深度神经网络与人类知识相结合，有效利用无标签目标数据集中的人类知识指导TransFuzzy。

无标签目标数据集上大量的非视觉信息是本小节关注的重点。本小节模拟无标签数据集中的轨迹信息构造出任意两张图像S_i和S_j对应摄像头之间的距离：图像对应摄像头之间的距离表示为Δc_{ij}，拍摄时间间隔为$\Delta t_{ij}=t_i-t_j$。通过行人轨迹中的人类知识降低视觉上的误差。TransFuzzy将分类器$\mathcal{D}$输出的视觉相似度P_{pre}及目标数据集中对应的行人轨迹信息Δc_{ij}、Δt_{ij}，构造三元组$\varDelta$ (P_{pre}，Δc_{ij}，Δt_{ij})作为模糊系统的输入数据，如图7.5所示。正常思维情况下，行人轨迹信息Δc_{ij}和Δt_{ij}遵循特定的模式，即较短时间内移动距离较短，较长距离需要花费较长时间等。模糊系统根据轨迹信息重新调整图像相似度P_{pre}，在标准范围内则提高图像对的相似度得分，否则降低相似度得分，从而降低图像的正误差$E_p=\left(\varUpsilon(S_i)=\varUpsilon(S_j)\mid S_i\neq_{D}S_j\right)$和负误差$E_n=\left(\varUpsilon(S_i)\neq\varUpsilon(S_j)\mid S_i\simeq_{D}S_j\right)$，并输出图像最终相似度得分$P_{\text{pos}}$。这意味着，给定一个查询图像，当使用分类器$\mathcal{D}$根据匹配相似度$P_{\text{pre}}$对图像进行排序时，TransFuzzy的排序结果可能比分类器$\mathcal{D}$的更准确。

为提高模糊系统收敛效率，需要合适的隶属度函数参数。直接由专家经验确定模糊系统中隶属度函数参数可能不一定适应该模型。因此，本小节将由遗传算法优化后的模糊系统参数迁移到TransFuzzy中，提升模型效果。

3. 迭代优化

如图7.5所示，TransFuzzy通过人类知识指导分类器$\mathcal{D}$，目标图像的识别结果由分类器$\mathcal{D}$给出。通过人类知识对正、负误差的消减，TransFuzzy在无标签数据集上的识别结果可能比分类器$\mathcal{D}$表现得更好。基于此，本小节采用迭代优化的方案，通过模糊系统在无标签数据集上的排序结果指导优化分类器$\mathcal{D}$，并计算损失函数$Loss$来优化分类器$\mathcal{D}$的网络参数。损失函数$Loss$由深度神经网络初步预测得分P_{pre}和模糊系统优化得分P_{pos}的交叉熵表示：

$$Loss=-P_{\text{pre}}\cdot\log(P_{\text{pos}})-(1-P_{\text{pre}})\cdot\log(1-P_{\text{pos}}) \tag{7.2}$$

由于人类知识的加成，TransFuzzy通过模糊系统给出的最终结果P_{pre}反馈指导分类器$\mathcal{D}$优化网络参数，将更优的识别结果作为模糊系统的参考条件重新评估相似度，使得分类器

D 和模糊系统的识别结果比上一次结果误差更低。可以认为，分类器 D 和模糊系统可以在无标签目标数据集中相互促进。这样，分类器 D 和模糊系统的相互促进可以在多次迭代中进行，以实现在无标签的目标数据集中的持续优化，直到损失函数 *Loss* 小于给定阈值。

7.3 实验验证

7.3.1 数据集的选取

在本文实验中选择了两个广泛使用的基准数据集，包括 Market-1501(Zheng et al., 2015)，CUHK-01(Li & Wang, 2013)。

在 Market-1501 数据集中，包括由 6 个摄像头(5 个高清，1 个非高清)拍摄到的 1501 个行人，32 668 个检测到的行人矩形框。数据集中的每个行人由 2 个及以上摄像头捕获，同时一个摄像头中可能拍摄到同一行人的多张图像。训练集 bounding-box-train 有 751 人，包含 12 936 张图像，平均每个人有 17.2 张训练数据；测试集 bounding-box-test 有 750 人，包含 19 732 张图像，平均每个人有 26.3 张测试数据。对于每个图像，除了包含行人图像的视觉信息外，还包含摄像头信息，拍摄时间等行人轨迹信息，这将用于整体框架的测试，其中，行人轨迹部分用于遗传模糊系统参数的优化。

在 CUHK-01 数据集中，包含 971 人 3884 张行人图像，3884 张行人图像全部在 campus 中，每张图像对应行人的 ID，因此，可以将其用于深度神经网络分类器 D 的训练。

本小节选择上述数据集来测试跨数据集 TransFuzzy 模型的性能。如 7.2 节所述，构建 TransFuzzy 需要每个图像帧的拍摄时间。因此，选择 Market-1501 作为无标签目标数据集，因为它们提供了视频序列中的详细时间帧号，这些时间帧号可以用作图像的相距时间差，作为人类知识的提取。无标签目标数据集 Market-1501 的配置及使用遵循该数据集的说明来划分训练集和测试集。具体来说，在 Market-1501 数据集中，12 936 个 bounding-box-train 图像被选择用于遗传模糊系统的优化，而 3368 个查询图像和 19 732 个 bounding-box-test 图像用于 TransFuzzy 对查询图像的评估。在图 7.1 所示的模型的初始步骤中，仅使用图像视觉信息来训练深度神经网络分类器 D，标签源数据集仅需要视觉信息和行人 ID。因此，选择 CUHK-01 作为标签的源数据集，所有标签的图像都用于深度神经网络分类器 D 的预训练。

7.3.2 参数设置

1. 分类器 D 的参数设置

本实验采用两个并行的 ResNet-50 网络(He et al., 2016)并移除其最终的全连接(FC)层作为分类器 D 的主要部分，具体来说，将 TransFuzzy 的初始化代数(epochs)设置为 60，批量

(batch)大小设置为 16，并将学习率设置为 0.0001，在训练期间，任意两张图像 S_i 和 S_j 被判断为同一个人的视觉匹配相似度由分类器 D 给出。

2. 模糊系统的参数设置

如图 7.5 所示，学习无标签数据集中的人类知识是 TransFuzzy 的关键步骤。为了得到最优化的隶属度函数参数，本小节设计基于人类知识的 Mamdani 型遗传模糊系统。表 7.1 为基于人类知识的遗传模糊系统，其中，设置种群数为 50，迭代次数为 800。表中符号是通过数据集 Market-1501 模拟出任意一对摄像头之间的距离 Δc_{ij}，即通过摄像机 c_i 和 c_j 捕捉的任意一对图像 S_i 和 S_j 之间的距离。定义 $\Delta t_{ij}=t_i-t_j$，其中，t_i 和 t_j 是对应图像 S_i 和 S_j 的时间戳。

表 7.1 基于人类知识的遗传模糊系统

模糊系统	模糊系统输入变量个数		模糊系统输出变量个数		规则个数	参数个数
GFS	Δc_{ij}	3	S	5	9	5
	Δt_{ij}	3				

为了提高模型收敛速度，减少参数个数的同时，达到更好的优化效果，遗传模糊系统中的隶属度函数选择全交迭三角形隶属度函数，在本小节只展示输出相似度模糊变量 V_S 的隶属度函数图像，如图 7.6 所示，其他模糊变量对应的隶属度函数图像与之类似。

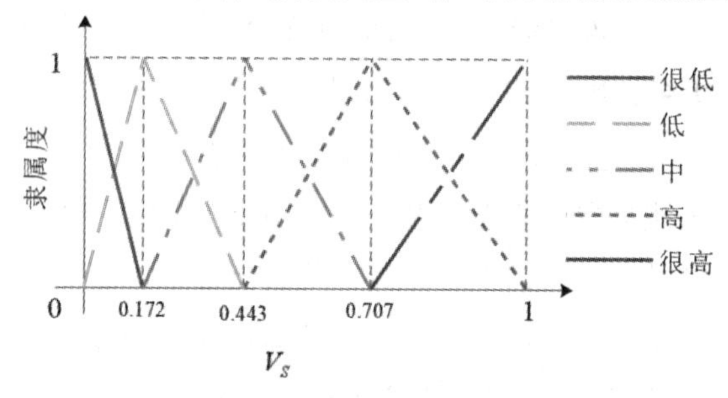

图 7.6 输出相似度模糊变量 V_S 对应的隶属度函数

为了使模糊系统的隶属度函数参数均朝着使系统推理准确性增大的方向不断进化，如下式设计适应度函数：

$$f=\frac{\sum_{i=1}^{n}a_i}{n} \tag{7.3}$$

其中

$$a_i=\begin{cases}1 & ,\ \text{if}\ \left(P_{\text{pre}}(S_i,S_j)>0.5\right)\Theta\left(\Upsilon(S_i)=\Upsilon(S_j)\right)\\ 0 & ,\ \text{otherwise}\end{cases} \tag{7.4}$$

Θ 表示同或运算；$P_{\text{pre}}(S_i,S_j)$ 表示图像对 S_i 和 S_j 的相似度；a_i 表示遗传模糊系统根据行人

轨迹信息识别图像对是否命中；n 表示数据集中被识别行人图像对总数；f 为行人识别命中的概率。

将命中个数取其概率的原因是，模糊系统的输出的取值范围均在[0,1]区间内，直接累加适应度的变化值不断增大，不利于遗传算法的进化。

在 TransFuzzy 中，为了使人类知识有效地指导模型中的分类器 D，设计具有优化能力的模糊系统，如表 7.2 所示。具体来说，为了更方便地部署，本小节将之前通过人类知识训练好的遗传模糊系统隶属度函数参数迁移到 TransFuzzy 的模糊系统中，并通过专家指导给定模糊变量为最终相似度 $V_{S_{pre}}$ 对应的参数。

表 7.2 具有优化能力的模糊系统

模糊系统	模糊系统输入变量个数		模糊系统输出变量个数		规则个数	参数个数
FS	P_{pre}	3	P_{pos}	5	27	6
	Δc_{ij}	3				
	Δt_{ij}	3				

7.3.3 结果分析

模糊系统中隶属度函数参数是决定模糊系统性能的重要因素，由图 7.7 可知，在遗传算法的优化下，随着迭代次数的不断增加，遗传模糊系统的识别准确率不断提高，在 200 代左右逐渐收敛，表明遗传算法对隶属度函数参数优化效果较专家经验直接构建参数的准确性有明显的提高。从另一个角度来说，遗传模糊系统对人类知识的利用效率显著加强。

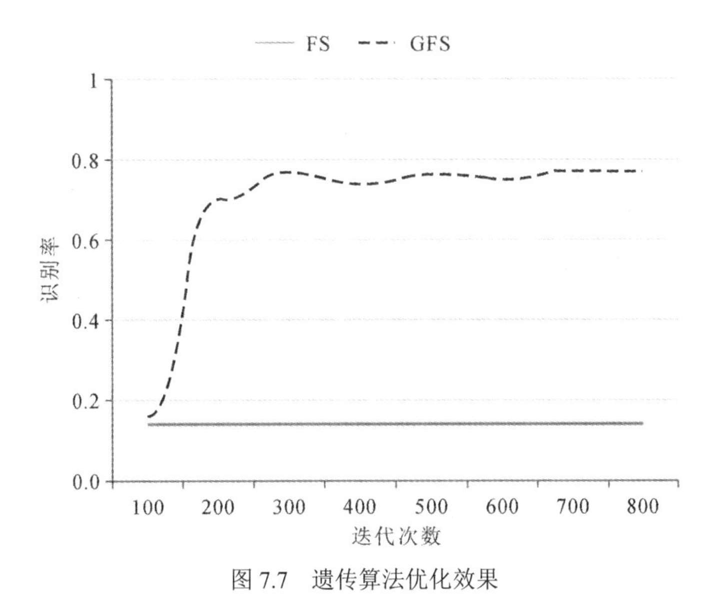

图 7.7 遗传算法优化效果

图 7.8 展示了模型最终的识别结果。识别视觉信息的 ResNet-50 模型表示在标签源数据集 CUHK-01 上训练直接迁移到无标签目标数据集 Market-1501 中，且没有经过优化过程。显而易见的是，由于不同数据集中数据分布的差异，这种简单的方法会导致识别性能较低。而融合了人类知识的 TransFuzzy 模型与原始的视觉分类器 ResNet-50 模型相比，识别效果得到了显著的提升。本小节选择迭代学习方案对 TransFuzzy 进行优化，通过迭代学习过程，视觉分类器 D 得到了明显的改进。这也证明了 TransFuzzy 模型融合人类知识，将人类知识迁移到视觉分类器 D 的有效性。

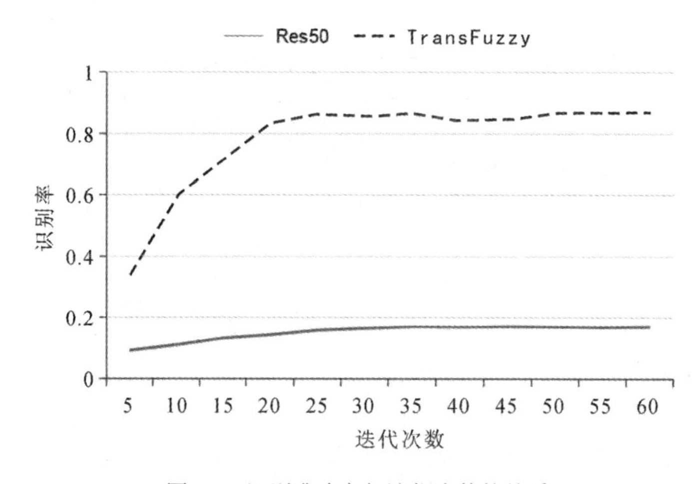

图 7.8 识别准确率与迭代次数的关系

从图 7.8 中还可以发现，TransFuzzy 的识别结果在迭代学习后显著提高，是由于视觉分类器 D 和模糊系统的相互促进，正如图 7.1 所示，一个更好的分类器 D 可以派生出更好的模糊系统，更好的模糊系统通过迭代学习的过程可以指导一个更好的分类器 D。此外，在 TransFuzzy 的实际部署中，将迭代次数设置到 20～25 代较为合适。

本小节还与近年提出的无监督跨数据集的识别方法 UMDL(Peng et al.，2016)和 TFusion(Lv et al., 2018)模型做了对比，这些方法都致力于将视觉特征表示从一个已标签的源数据集迁移到另一个无标签的目标数据集；比较了相同数据集(Market-1501，CUHK-01)配置下的 TransFuzzy 模型和其他两个模型的性能，结果如表 7.3 所示，在所有的测试案例中，TransFuzzy 模型的识别准确率都超过了 UMDL 和 TFusion 模型。

表 7.3 将融合的精度与现有的无监督迁移学习方法进行比较

数据源	对象	模型	识别率
CUHK-01	Market-1501	UMDL(Peng et al., 2016)	0.51
		TFsion(Lv et al., 2018)	0.79
		TransFuzzy (ours)	0.87

本 章 小 结

考虑到数据集中可能存在的人类知识，并尝试通过人类知识对视觉分类器进一步指导，因此，本章提出了一个高性能的无监督跨数据集优化算法 TransFuzzy。具体来说，TransFuzzy 模型通过学习无标签目标数据集中人类知识，将深度神经网络分类器与人类知识相结合，把在小的标签源数据集中训练的深度神经网络分类器迁移到无标签目标数据集中，并通过迭代优化方案来逐步优化深度神经网络分类器。通过实验展示了 TransFuzzy 模型较好的性能。

附　录

■ 附录Ⅰ　兵棋与兵棋推演

兵棋(Wargame)是推演双方对战争过程进行决策对抗和逻辑推演的军事科学工具，是作战实验最重要的平台之一。随着信息技术的发展，计算机兵棋成为现代战争模拟不可或缺的技术平台，已经应用于众多领域，并为各类作战技术的研究和开发提供了平台和依托。本书主要针对中国科学院自动化研究所自主研发的“庙算·陆地指挥官”战术兵棋平台开展了研究工作，详细的兵棋规则与数据请参考官网。

兵棋，通常由棋子、地图和规则三部分组成。其中，棋子代表兵棋中推演双方的兵力，是兵棋中的作战单元，通常包括坦克、步战车、步兵、巡飞弹、炮兵、无人机等；地图是经过量化处理的战场环境，是兵棋中的虚拟战场，常用的兵棋地图大多是由正六边形组成的六角格地图，每个六角格上标注有编号、高程、地貌等信息；规则是表示战场要素、限定行动条件、裁决行动结果的各类规定及模型算法的总称，是兵棋的核心。兵棋规则一般分为推演规则和裁决规则两类：推演规则规定了兵棋的操作流程，指导推演者对兵棋推演系统的使用；裁决规则通过对推演各方行动的判断和量化，进行战果的规范。

兵棋推演(Wargaming)是将兵棋用于作战模拟的过程，是指挥员用兵棋对作战方案进行过程预演和评估优化的活动。在兵棋推演中，指挥员需要根据作战想定和作战意图，结合地理环境和双方兵力等因素有针对性地部署作战行动以取得最后的胜利。兵棋推演与战争类游戏的不同之处在于，前者具有规范的作战任务规划工作：在兵棋推演前，指挥员会根据自身经验进行作战任务规划，快速准确地收集战场情报，深刻理解战场态势，形成细化的、具体的、明确的、有条理的、周密的作战计划，为推演中预测敌方行动、规划作战任务、实施有效打击等做好准备。

兵棋推演平台是兵棋推演的实施环境，一般是各类兵棋推演系统，包括海空合同战术兵棋推演系统、联合指挥官兵棋推演系统、全域联合兵棋推演系统等，不同的兵棋推演平台在兵棋要素的设置上均有不同。本书使用到的兵棋推演平台是国内一款战术级回合制兵棋对抗系统，在该兵棋推演系统中，推演过程共分为 20 个阶段，红、蓝两个推演角色分阶段轮流行动(红方先行)，且每个阶段中的各个环节必须依照流程行动。不失一般性，令红方为我方推演角色，蓝方为敌方推演角色(下同)。该兵棋推演系统中的各个要素设置如下。

1. 地图

在该兵棋推演系统中，推演所用的想定地图，红蓝双方的初始位置，各自的棋子类型和数量，以及配备的武器类型和弹药数量在推演前会告知推演双方。此外，主夺控点与次夺控点的位置也将在图中展示出来，其中，主夺控点就是主要的夺控点，夺控后得分值最高；次夺控点是次要的夺控点，夺控后得分值次之。

在该兵棋推演系统的地图中，共有六类地貌，包括开阔地、丛林地、居民地、河流、松软地及水域。其中，开阔地属于最平坦的地貌，车辆进入该地貌消耗的机动力值最小；松软地是最消耗机动力的地貌，因此，车辆棋子通常会避免直接穿过松软地；丛林地和居民地地貌对位于其上的棋子具有一定的隐蔽作用，是很重要的两类地貌。常用的地貌的六角格图例及车辆进入该地貌时需要消耗的机动力数值如表Ⅰ.1所示。

表Ⅰ.1　某兵棋推演系统中的地貌要素

地貌要素	六角格图例	车辆进入该地貌需要消耗的机动力值
开阔地		1
丛林地		2
居民地		3
河流		2

2. 规则

在该兵棋推演系统中，推演规则主要包括通视规则、观察规则、掩蔽规则和射击规则四项。

1) 通视规则

通视是指两个六角格之间的视线相通，也就是说，如果六角格A通视六角格B，意味着上述两个六角格之间的视线没有被遮挡物遮挡。通视是一个对称的概念，如果六角格A可以通视六角格B，那么六角格B也可以通视六角格A。

2) 观察规则

观察是指两个六角格上的棋子互相可见。与通视不同，是否可观察不仅与两个六角格连线之间六角格的地形、地貌有关，还与两个六角格上棋子的类型、状态有关。可通视是可观察的前提。具体的观察规则如下：

(1) 所有棋子对人员目标的观察距离均为10格，即与人员目标相距10格或以内才可以对其进行观察；对车辆目标的观察距离均为25格。

(2) 目标位于居民地、丛林地六角格时，对其观察距离减半。

3) 掩蔽规则

掩蔽是一个动作，当棋子实施了掩蔽动作，就会处于掩蔽状态。掩蔽规则如下：

(1) 目标处于掩蔽状态，其他棋子在其所处地貌的基础上对其观察距离再次减半。

(2) 当车辆目标处于掩蔽状态，如果观察者位于更高高程，则掩蔽对其无效。

(3) 掩蔽状态下开火，掩蔽状态即失效。

4) 射击规则

射击是指棋子之间的火力打击。可射击的前提是射击方通视并可观察被射击方，此外，可射击还应满足射击方与被射击方的距离不大于武器的射程。在该兵棋推演系统中，共有两大类射击形式：间瞄射击和直瞄射击。其中，间瞄射击是指在无法直接看到目标的情况下的射击，在本书所使用的兵棋推演系统中，该射击用于炮兵对对方的火力覆盖，在推演刚开始的时候进行；直瞄射击是指对近距离可见目标直接瞄准进行射击的火力打击方式，包括机会射击、掩护射击、行进间射击和最终射击。直瞄射击的规则如下：

(1) 在本方阶段，当车辆机动时就处于机动状态，机动状态下的车辆只能实施行进间射击，只有未机动未射击的车辆才可以实施掩护射击或最终射击。

(2) 在对方阶段，只有未机动未射击的车辆才可以实施机会射击或最终射击；未机动未射击的人员可以实施机会射击或最终射击。

下面对上述四类射击的规则进行说明。

(1) 机会射击：是指非机动阶段所属方向机动阶段所属方正在机动或行军的棋子实施的射击。

(2) 掩护射击：是指机动阶段所属方受到非机动阶段所属方的机会射击后，对向本方实施了机会射击的棋子的射击。

(3) 行进间射击：指车辆在机动状态下进行的射击。行进间射击由机动阶段所属方的车辆棋子实施，且行进间射击不能使用导弹类武器。步战车和步兵不能实施行进间射击。

(4) 最终射击：是指在最终射击环节，双方在当前阶段未机动未射击的棋子实施的射击。

每次射击后，都会对此次射击进行射击裁决，给出被射击方损失的分数，即被射击方损失的车班数。所有的射击裁决都会保存在复盘数据中，形成裁决信息表。

5) 同格交战规则

在某一方机动环节，棋子一旦进入对方棋子所在格，即视为进入同格交战，机动力清零，在同格交战裁决环节前，格内双方棋子均不能再有其他行动(如机动、行进间射击、最终射击、人员上下车)。同格交战规则如下：

(1) 最终射击阶段结束后，进入同格交战裁决环节。

(2) 进入同格交战环节后，双方棋子自动进行 3 轮直瞄射击，每轮射击由先进入该格的一方先实施，每个棋子射击一次，目标由随机数确定，然后由后进入的一方实施。如果后进入的一方在 3 轮射击中未能全歼对方，则环节结束后剩余棋子自动沿机动路线撤回一格。

3. 棋子

在本书研究和使用的兵棋推演系统中，主要的棋子有三种：坦克、步战车和步兵。不同的棋子可配备的武器种类，机动速度，常用的射击方式，以及攻击能力和防守能力等均有差别，具体如下：

坦克相比于其他两类棋子，机动速度最快，且是唯一可以进行行进间射击的棋子。此外，坦克具有不同的装甲类型：无装甲、轻型、中型、重型和复合型装甲。在推演前，会告知红、蓝双方的坦克装甲类型，所以坦克的装甲类型可以看作是已知条件。坦克通常配备的武器为直瞄炮、车载导弹和车载轻武器等。

与坦克相比，步战车机动速度相对较慢，且不具有行进间射击能力。同坦克一样，步战车也有不同的装甲类型。步战车通常配备的武器种类有车载导弹、近射炮、小号直瞄炮及车载轻武器等。

相比于坦克和步战车，步兵的机动速度最慢，且同步战车一样不具有行进间射击能力。步兵通常配备的武器有便携导弹、火箭筒及人员轻武器等。

上述三种棋子所使用武器的射程和射击等级如表Ⅰ.2～表Ⅰ.4 所示。

表Ⅰ.2　重武器对车辆射击等级表

武器名称	射程	距离(格)/射击等级																				
		0	1	2	3	4	5	6	7	8	9	10	11	12	13	14	15	16	17	18	19	20
大号直瞄炮	18	10	10	10	10	10	9	9	9	8	8	8	8	7	7	6	5	4	3	2		
中号直瞄炮	15	10	10	10	9	9	8	8	7	7	7	6	5	5	2	2	2					
小号直瞄炮	13	10	10	9	9	8	8	7	6	6	5	5	2	2	2							
近射炮	10	5	5	4	4	3	3	3	2	2	2	2										
火箭筒	4	6	6	6	4	2																
便携导弹	10	7	7	7	8	8	8	8	8	8												
车载导弹	20	0	0	5	5	6	8	8	8	8	8	8	8	8	8	8	8	8	8	8	8	8

表Ⅰ.3　重武器对人员射击等级表

武器名称	射程	车/班数	距离(格)/射击等级										
			0	1	2	3	4	5	6	7	8	9	10
大号直瞄炮 中号直瞄炮	10	1	2	2	2	2	2	2	2	2	2	2	2
		2	3	3	3	3	3	3	3	3	3	3	3
		3	5	5	5	5	5	5	5	5	5	5	5
小号直瞄炮	10	1	1	1	1	1	1	1	1	1	1	1	1
		2	2	2	2	2	2	2	2	2	2	2	2
		3	4	4	4	4	4	4	4	4	4	4	4
近射炮	5	1	4	4	4	4	4	4					
		2	6	6	6	6	6	6					
		3	8	8	8	8	8	8					

表Ⅰ.4　轻武器对人员射击等级表

武器名称	射程	车/班数	距离(格)/射击等级										
			0	1	2	3	4	5	6	7	8	9	10
人员轻武器	3	1	2	1									
		2	4	2	1								
		3	6	4	2	1							
		4	8	5	3	1	0						
车载轻武器	10	1	2	2	2	2	2	1	1	1	1	1	1
		2	3	3	3	3	3	2	2	2	2	1	1
		3	4	4	4	4	4	3	3	3	3	3	3

■ 附录Ⅱ　坦克安全性能模糊系统规则库

表Ⅱ.1　车辆为无装甲时坦克安全性能模糊系统规则库

规则数	蓝方回击能力	地形	地貌	安全性能
1	很低	低	高	高
2	很低	中	高	高
3	很低	高	高	高
4	很低	低	低	高
5	很低	中	低	高
6	很低	高	低	高
7	低	低	高	偏高
8	低	中	高	高
9	低	高	高	高

续表

规则数	蓝方回击能力	地形	地貌	安全性能
10	低	低	低	中
11	低	中	低	偏高
12	低	高	低	偏高
13	中	低	高	中
14	中	中	高	偏高
15	中	高	高	偏高
16	中	低	低	偏低
17	中	中	低	中
18	中	高	低	偏高
19	高	低	高	低
20	高	中	高	偏低
21	高	高	高	中
22	高	低	低	低
23	高	中	低	偏低
24	高	高	低	偏低

表Ⅱ.2 车辆为轻型装甲时坦克安全性能模糊系统规则库

规则数	蓝方回击能力	地形	地貌	安全性能
1	很低	低	高	高
2	很低	中	高	高
3	很低	高	高	高
4	很低	低	低	高
5	很低	中	低	高
6	很低	高	低	高
7	低	低	高	偏高
8	低	中	高	偏高
9	低	高	高	高
10	低	低	低	中
11	低	中	低	偏高
12	低	高	低	偏高
13	中	低	高	中
14	中	中	高	中
15	中	高	高	偏高
16	中	低	低	偏低
17	中	中	低	中

续表

规则数	蓝方回击能力	地形	地貌	安全性能
18	中	高	低	偏高
19	高	低	高	低
20	高	中	高	偏低
21	高	高	高	中
22	高	低	低	低
23	高	中	低	偏低
24	高	高	低	偏低

表Ⅱ.3 车辆为中型装甲时坦克安全性能模糊系统规则库

规则数	蓝方回击能力	地形	地貌	安全性能
1	很低	低	高	高
2	很低	中	高	高
3	很低	高	高	高
4	很低	低	低	高
5	很低	中	低	高
6	很低	高	低	高
7	低	低	高	高
8	低	中	高	高
9	低	高	高	高
10	低	低	低	偏高
11	低	中	低	高
12	低	高	低	高
13	中	低	高	低
14	中	中	高	偏高
15	中	高	高	偏高
16	中	低	低	偏低
17	中	中	低	中
18	中	高	低	偏高
19	高	低	高	偏低
20	高	中	高	偏低
21	高	高	高	偏低
22	高	低	低	低
23	高	中	低	低
24	高	高	低	偏低

表Ⅱ.4　车辆为重型或复合型装甲时坦克安全性能模糊系统规则库

规则数	蓝方回击能力	地形	地貌	安全性能
1	很低	低	高	高
2	很低	中	高	高
3	很低	高	高	高
4	很低	低	低	高
5	很低	中	低	高
6	很低	高	低	高
7	低	低	高	高
8	低	中	高	高
9	低	高	高	高
10	低	低	低	高
11	低	中	低	高
12	低	高	低	高
13	中	低	高	偏高
14	中	中	高	高
15	中	高	高	高
16	中	低	低	偏高
17	中	中	低	偏高
18	中	高	低	高
19	高	低	高	中
20	高	中	高	偏高
21	高	高	高	偏高
22	高	低	低	中
23	高	中	低	中
24	高	高	低	偏高

参考文献

ABIYEV R H, AKKAYA N, GUNSEL I, 2018. Control of Omnidirectional Robot Using Z-Number-Based Fuzzy System[J]. IEEE Transactions on Systems, Man, and Cybernetics: Systems, 49(1): 238–252.

ALCALA R, ALCALA-FDEZ J, HERRERA F, 2007. A proposal for the genetic lateral tuning of linguistic fuzzy systems and its interaction with rule selection[J]. IEEE Transactions On Fuzzy Systems, 15(4): 616–635.

BAAJ I, POLI J, 2019. Natural Language Generation of Explanations of Fuzzy Inference Decisions[C]// 2019 IEEE International Conference on Fuzzy Systems (FUZZ-IEEE), New Orleans, LA, USA: IEEE,1–6.

BARKER S, SABO C, COHEN K, 2011. Intelligent algorithms for MAZE exploration and exploitation[C]// AIAA Infotech@Aerospace Conference, St Louis, MO:AIAA, 2011-1510.

BUSTINCE H, 2016. A Historical Account of Types of Fuzzy Sets and Their Relationships[J]. IEEE Transactions on Fuzzy Systems, 24(1): 179–194.

蔡自兴, 孙国荣, 李枚毅, 2005. 基于改进遗传算法的多示例神经网络优化[J]. 计算机应用, 25(10): 2387-2389+2412.

CORDÓN O, 2011. A historical review of evolutionary learning methods for Mamdani-type fuzzy rule-based systems: Designing interpretable genetic fuzzy systems[J]. International Journal of Approximate Reasoning, 52(6): 894–913.

CORDÓN O, HERRERA F, HOFFMANN F, 2001. Genetic Fuzzy Systems: Evolutionary Tuning and Learning of Fuzzy Knowledge Bases[M]. Singapore: World Scientific.

CORDÓN O, GOMIDE F, HERRERA F, 2004. Ten years of genetic fuzzy systems: current framework and new trends[J]. Fuzzy Sets And Systems,141(1): 5–31.

DA B, ONG Y, FENG L,2017. Evolutionary multitasking for single-objective continuousoptimization: Benchmark problems,performance metric,and baselineresults[J]. CoRR: abs/1706.03470.

DING J, YANG C, JIN Y, 2018. Generalized multi-tasking for evolutionary optimization of expensive problems[J]. IEEE Transactions On Evolutionary Computation, 2019, 23(1): 44–58.

ERNEST N D, 2015. Genetic Fuzzy Trees for Intelligent Control of Unmanned Combat Aerial Vehicles[D]. Ohio USA:College of Engineering and Applied Science University of

Cincinnati .

GUPTA A, ONG YS, FENG L, 2016. Multifactorial evolution: Toward evolutionary multitasking[J]. IEEE Transactions On Evolutionary Computation, 20(3): 343–357.

GUPTA A, ONG Y S, FENG L, 2017. Multi-objective multifactorial optimization in evolutionary multitasking[J]. IEEE Transactions on Cybernetics, 47(7): 1652–1665.

HE K, ZHANG X, REN S, 2016. Deep Residual Learning for Image Recognition [C]//2016 IEEE Conference on Computer Vision and Pattern Recognition (CVPR). Piscataway,NJ: IEEE, 770-778.

HERRERA F, 2008. Genetic fuzzy systems: taxonomy, current research trends and prospects[J]. Evolutionary Intelligence,1(1): 27–46.

HOLLAND J H, 1975. Adaptation in Natural and Artificial Systems[M].Ann Arbor: University of Michigan Press.

JAN A, DONAT L, PAWEL O, 2016. Dynamics Of Mechatronics Systems: Modeling, Simulation, Control, Optimization And Experimental Investigations[M]. Hackensack New Jersey USA: World Scientific.

KARR C, 1991. Genetic algorithms for fuzzy controllers[J]. AI Expert, 6(2): 26–33.

KERK Y W, TAY K M, LIM C P, 2019. Monotone Interval Fuzzy Inference Systems[J]. IEEE Transactions on Fuzzy Systems, 27(11): 2255–2264.

LAMBORA A, GUPTA K, CHOPRA K,2019. Genetic Algorithm-A Literature Review[C]// 2019 International Conference on Machine Learning, Big Data, Cloud and Parallel Computing (COMITCon), Faridabad, India, 380–384.

LI W, WANG X, 2013. Locally Aligned Feature Transforms across Views[C]//2013 IEEE Conference on Computer Vision and Pattern Recognition. Portland, Oregon, USA: IEEE: 3594–3601.

LU Y, 2018. Adaptive-Fuzzy Control Compensation Design for Direct Adaptive Fuzzy Control[J]. IEEE Transactions on Fuzzy Systems, 26(6): 3222–3231.

LV J, CHEN W, LI Q, 2018. Unsupervised Cross-Dataset Person Re-identification by Transfer Learning of Spatial-Temporal Patterns [C]//2018 IEEE/CVF Conference on Computer Vision and Pattern Recognition. 7948–7956.

MAHMOUD M S, SABRY M M, FODA S G, 2002. A New Approach to Fuzzy Control of Interconnected Systems[J]. Systems Analysis Modelling Simulation. 42(11): 1623–1637.

MARKO K A, HAMPO R J, 1992. Application of genetic programming to control of vehicle systems[C]//ProceedingsoftheIntelligentVehicles`92Symposium.Detroit,MI, USA: IEEE, 191–195.

NANTOGMA S, RAN W, YANG X, 2019. Behavior-based Genetic Fuzzy Control System for Multiple USVs Cooperative Target Protection[C]// 2019 3rd International Symposium on Autonomous Systems (ISAS).Shanghai, China: IEEE, 181–186.

OMARA A M, SLEPTSOV M, DIAB A A Z, 2018. Cascaded fuzzy logic based direct torque control of interior permanent magnet synchronous motor for variable speed electric drive systems[C]// 2018 25th International Workshop on Electric Drives: Optimization in Control of Electric Drives (IWED), Moscow: IEEE, 1–6.

ONG Y S, GUPTA A, 2016. Evolutionary multitasking: A computer science view of cognitive multitasking[J]. Cognitive Computation, 8(2): 125–142.

PANCHAPAKESAN A, ABIELMONA R, PETRIU E,2013. Dynamic white-box software testing using a recursive hybrid evolutionary strategy/genetic algorithm[C]// 2013 IEEE Congress on Evolutionary Computation, Cancun, Mexico: IEEE, pp. 2525–2532.

PENG P, XIANG T, WANG Y, 2016. Unsupervised Cross-Dataset Transfer Learning for Person Re-identification [C]//2016 IEEE Conference on Computer Vision and Pattern Recognition (CVPR). Las Vegas, NV, USA: IEEE, 1306–1315.

RAJA B S, ASGHAR S, 2020. Using health data repositories for developing clinical system software: a multi-objective fuzzy genetic approach[J]. IET Software, 14(3): 254–264.

RIVERA J, RODRIGUEZ K, YU X, 2019. Cardiovascular Conditions Classification Using Adaptive Neuro-Fuzzy Inference System[C]// 2019 IEEE International Conference on Fuzzy Systems (FUZZ-IEEE), New Orleans, LA, USA: IEEE, 1–6.

TARANNUM S, JABIN S, 2018. A comparative study on Fuzzy Logic and Intuitionistic Fuzzy Logic[C]// 2018 International Conference on Advances in Computing, Communication Control and Networking (ICACCCN).Greater Noida (UP), India: IEEE, 1086–1090.

VIKHAR P A, 2016. Evolutionary algorithms: A critical review and its future prospects[C]// 2016 International Conference on Global Trends in Signal Processing, Information Computing and Communication (ICGTSPICC). Jalgaon: IEEE, pp. 261–265.

王立新, 2003. 模糊系统与模糊控制教程[M]. 北京：清华大学出版社.

WANG L, 2017. A New Look at Type-2 Fuzzy Sets and Type-2 Fuzzy Logic Systems[J]. IEEE Transactions on Fuzzy Systems, 25(3): 693–706.

WANG A, LIU L, QIU J, 2018. Event-Triggered Robust Adaptive Fuzzy Control for a Class of Nonlinear Systems[J]. IEEE Transactions on Fuzzy Systems, 28(7): 1648–1658.

WEN Y W, TING C K, 2017. Parting ways and reallocating resources in evolutionary multitasking[C]// 2017 IEEE Congress on Evolutionary Computation (CEC).San Sebastian:IEEE, 2404–2411.

WIJAYANTO B, WIBOWO A, 2018. Automated Guided Vehicle Simulation Software Development using Parallel Cascade Fuzzy Method for Reaching a Target[C]//Proc. of the 2018 2nd International Conference on Informatics and Computational Sciences (ICICoS), Semarang, Indonesia: IEEE, 1–6.

WU D R, TAN X F, 2020. Multi-Tasking Genetic Algorithm (MTGA) for Fuzzy System Optimization[J]. IEEE Transactions on Fuzzy Systems, 28(6): 1050–1061.

ZADEH L A, 1965. Fuzzy Sets[J]. Information and Control, 8(3): 338–353.

ZHANG P, SHEN Q, 2019. A Novel Framework of Fuzzy Rule Interpolation for Takagi-Sugeno-Kang Inference Systems[C]//2019IEEE International Conference on Fuzzy Systems (FUZZ-IEEE), New Orleans, LA, USA: IEEE, 1–6.

ZHENG L,SHEN L,TIAN L, 2015. Scalable Person Re-identification: A Benchmark [C]//2015 IEEE International Conference on Computer Vision (ICCV). Santiago, Chile: IEEE, 1116–1124.

ZHOU L, FENG L, JINGHUI ZHONG, 2016. Evolutionary multitasking in combinatorial search spaces:A case study in capacitated vehicle routing problem[C]// 2016 IEEE Symposium Series on Computational Intelligence (SSCI). Athens: IEEE, 1–8.